혼자도
함께도
패키지도 다 좋아

누구와 어디를 언제 어떻게 가더라도
후회 없이 즐기는 여행 만들기 '완벽 가이드'

# 혼자도 함께도 패키지도 다 좋아

**초판 1쇄 인쇄** 2022년 1월 27일
**초판 1쇄 발행** 2022년 2월 4일

**지은이** 임영택

**발행인** 백유미 조영석
**발행처** (주)라온아시아
**주소** 서울특별시 서초구 효령로 34길 4, 프린스효령빌딩 5F

**등록** 2016년 7월 5일  제 2016-000141호
**전화** 070-7600-8230  **팩스** 070-4754-2473

**값** 16,000원
ISBN 979-11-92072-24-1 (03980)

라온북은 독자 여러분의 소중한 원고를 기다리고 있습니다. (raonbook@raonasia.co.kr)

# 혼자도
# 함께도
# 패키지도 다 좋아

임영택 **지음**

RAON
BOOK

#### 20대 ｜ 승무원 **김대희**

젊은 사람이라면 누구나 한 번쯤은 자유 여행을 꿈꾼다. 이 책은 여행의 기준을 잡아주고 방향을 제시해주어 여행 초심자가 쉽고 편안한 여행을 할 수 있도록 도와준다.

#### 20대 ｜ 직장인 **황은비**

쳇바퀴 같은 삶에 '여행'은 너무 설레고 특별하다. 한 번뿐일지도 모를 시간을 더 완벽하게 계획하려면 사전 준비는 필수다. 이 책엔 어떻게 하면 더 합리적이고 오로지 여행에 몰입할 수 있는지에 대한 노하우가 담겼다. 이 책을 읽는 모두가 진정한 여행의 가치를 찾길 바란다.

#### 30대 ｜ 테일러샵 대표 **박정현**

지난날 갔던 패키지여행은 기억에 남는 추억이 되지 않았다. 만약 그때 이 책을 알았더라면 그런 오류가 없을 것이다. 이 책은 여행을 계획하는 모든 이에게 본질적인 여행의 의미를 깨닫게 해주고 어떤 여행을 준비하는 것이 '행복한 여행'인지 알려주는 지침서와 같다.

#### 40대 ｜ 일본 쓰루 가이드 **김영신**

저자가 진행하는 여행 행사에서는 늘 '임 대표님이 하는 행사는 다른 여행사와는 달라, 감동이 있어', '호텔이며, 식사며, 일정이며, 아 진짜 너무 좋아. 행복해'라는 소리가 들려온다. 지난 행사 때와는 분명 다른 고객인데도 약속이나 한 듯이 같은 소리를 낸다. 이 책은 '여행의 근본'이 무엇인지 느끼게 해주고, '여행의 감동'을 선물해줄 것이다.

관광과 여행은 차이가 날 수밖에 없다. 그 차이점을 알고 여행을 떠나게 되었을 때 느끼는 행복과 만족감은 다를 것이다. 이 책을 통해 많은 사람이 여행에 대한 즐거움을 느끼기를 바란다.

### 40대 | 푸켓, 크라비의 현지 여행사 대표 **김진철**

많은 사람이 여행 시작 전 설렘과 두려움을 느끼지만, 한결같이 여행의 목적은 힐링이다. 하지만 정작 여행의 끝은 피곤의 연장선상으로 이어진다. 진정한 힐링 여행이 아니기 때문일지도 모른다. 이 책은 그런 부분에 있어서 힐링 같은 안식처가 되어 줄 것이다.

### 40대 | 경성 팔일삼 대표 **이경래**

지금까지 여행을 다녀오면 항상 뭔가 부족한 게 많다고 느꼈는데 이 책 안에는 그 부족함을 채워줄 정보들이 완벽하게 있었다. 이제라도 이 책을 만나서 정말 다행이다.

### 40대 | 파피오 플라워 대표 **박옥선**

이 책에 담긴 아이들과 여행 갈 때 알아두면 좋은 것들을 보면서 그동안 미처 생각하지 못한 유용한 정보들을 알게 되었다. 앞으로는 아이가 스스로 여행을 준비하는 것부터 가고 싶은 곳, 하고 싶은 것들을 잘 들어보고 해볼 수 있도록 하는 여행으로 만들어보고자 한다.

### 40대 | 몽테스 에스테틱 대표 **조유경**

20대부터 배낭여행과 패키지여행을 다닌 나는 온라인상에 여행 정보가 얼마나 많은데, '과연 여행책이 필요할까?'라는 의문을 품고 이 책을 읽었다. 그런 내게 '아하, 이런 이유가 내 여행에 있었구나' 하는 깨달음과 명확한 선택의 기준을 장착하게 해주었다.

3년 전 가족 여행을 갈 때 저자가 가이드로 동행했다. 저자의 오랜 경험과 경력, 세심한 챙김, 여유로움, 관광 포인트 안내로 더욱 잊지 못할 여행이 되었다. 여행의 교과서가 될 이 책을 추천한다.

우리에게 여행이 일상이 된 지 벌써 수십 년이 지났다. 그럼에도 여행을 다녀온 기록지로서의 여행책은 많이 봤지만, 여행사를 운영하는 입장에서 쓴 여행책은 보기 어려웠다. 이 책은 코로나19로 여행에 갈증이 고조된 지금 미래의 여행 계획을 세우는 데 훌륭한 지침서가 될 것이다.

평소 아이들과도 여행을 많이 다녔던 내가 그동안 왜 여행하면서 아쉬움을 느껴온 건지 고스란히 쓰여 있는 재밌고 유익한 책이다. 앞으로의 나의 여행에 설렘이 가득해질 것을 느꼈다.

누구나 여행 계획이 생기면 어린아이같이 설렘과 호기심으로 가득 찬 시간을 보내게 될 것이다. 그러나 기대와 다른 현실에 여행을 망치는 경우가 생긴다. 여행을 사랑하는 저자의 오랜 경험과 생생한 정보들이 다양하면서도 세세하게 잘 담겨 있는 책이다.

우리는 여행이란 단어를 떠올리면 입꼬리를 올리며 근사한 추억을 연상한다. 여행 전문가인 저자는 여행객의 마음과 필요를 살펴 안성맞춤 여행 지침서를 펼쳐냈다. 코로나19로 지친 누군가가 진짜 여행 떠날 준비를 하고 있다면 이 책을 필독하길 권한다.

'여행'이 더욱 소중해진 지금, 어떤 여행을 떠나야 하는지 등 여행을 마주하는 태도에 대해 생각하게 되는 책이다. 특히 오래전 다녀온 유럽 여행을 떠올리며 마치 다시 여행을 떠난 듯한 느낌을 받았다. 여행을 사랑하는 모든 이들에게 꼭 추천한다.

이 책은 33년이라는 긴 세월 동안 여행업에서 종사한 저자의 모든 노하우가 그대로 녹아 있다. 자세한 여행 안내는 물론 가성비 좋은 지역도 세밀하게 소개했으며 여행의 기쁨은 물론 여행을 마치고 일상으로 돌아와서도 여운이 남도록 모든 부분을 꼼꼼하게 기록해놨다.

이 책은 코로나19 이후 여행을 계획하는 분들에게 길잡이의 책이 될 것이다.

가전제품을 처음 사용할 때 매뉴얼이 필요하듯 여행을 계획하거나 제대로 즐기고 싶은 사람에게 실질적으로 도움이 되는 여행 매뉴얼과 같은 책이다. 다양한 경험과 정보를 가진 여행 전문가가 쓴 책으로 인터넷의 피상적인 정보가 아닌 여행에 꼭 필요한 필독서가 될 것이다.

# 드디어 찾은 나를 위한 여행법

　네 명의 친구들이 스페인 여행을 가려고 돈을 모았다. 돈을 다 모은 후 패키지로 여행을 가기 위해 여러 여행사의 상품을 고르고 골라 가성비가 좋은 상품을 예약했다. 일행 중 한 명은 너무 저렴한 것은 위험하니 적당한 가격의 상품을 구매하자고 했다. 논쟁 끝에 저렴한 상품을 이용해서 스페인 여행을 떠났다. 방문국은 물론 관광 일정도 같고 호텔 등급도 비슷한데 굳이 비싼 상품을 선택할 이유가 없다는 논리를 반박할 수 없었기 때문이었다.

　여행 출발 후 사흘이 지나자, 네 명 모두 후회하기 시작했다. '이런 여행을 하려고 돈을 모으고 휴가를 내서 떠나온 것이 아니었는데…….' 그들은 '가성비'라는 기준에 몰입되어 잘못된 선택을 했음을 인정할 수밖에 없었다. 그리고 스페인 여행을 행복한 추억으로 만들 기회를 날렸다는 것을 깨닫게 되었다. 이들이 이번 생에 스페인 여행을 다시 올 기회가 쉽게 생길까? 아마도 힘들 것이다. 그렇다면 이들의 여행은 왜 이렇게 된 걸까? 어떻게 하면 이런 어처구니없는 실수를 피할 수 있을까?

　나는 여행업에 종사하는 사람이다. 책을 좋아하는 편이라 틈틈이 서점을 다녔고 여러 책을 읽었다. 그러다 문득 7년 전부터 '여행 관련 책들은 왜 이런 종류만 있는 걸까?' 하는 의문이 들었다. 대부분 여행지 설명에 관한 내용을 다루고 있었다. 그리고 본인의 여행 경험을 토대로 한 수필 형식이었다. 정작 필요한 것들을 알려주는 책은 거의 없었다. 여행객 각자의 형편과 스타일에 맞는 여행을 찾는 방법을 안내해주는 책은 왜 없는 걸까?

　33년간 업계 현장에서 여행객들을 만나며 느낀 점이 있다. 사람들은 여행을 가고 싶어 하는 만큼 선택에 대한 확신도 갖고 싶어 한다. 그래서 어디를 가면 좋을지, 어떤 형태의 여행이 좋을지, 저렴한 여행과 비싼 여행은 무슨 차이가 있는지, 비싼 여행은 그 값어치를 하는지 등 여행 준비부터 귀국할 때까지의 과정에서 생길 많은 선택 사항에 대한 궁금증을 가졌다. 그런데 정작 그런 것들에 관해 알려주는 책은 왜 없는 걸까? 이런 의문은 여행을 주제로 하는 책에 대한 관심으로 이어졌고, 여행객들이 궁금해하는 것들을 메모하게 되었다. 그렇게 시간이 흐르고 업계 종사자나 상품 개발자, 여행 전문 가이드가 쓴 여행책보다는 정보 공유, 추억 남기기, 힐링 에세이 등의 여행책이 많다는 것을 알게 되었다. 그러다 보니 훌륭한 여행을 경험하고 좋은 정보를 많이 알고 있더라도 어떤 의미에서는 한계를 갖고 있었다. 대부분의 경험은 주관적 성향에서 벗어나기 어렵고 정보 또한 주관적인 판단에서 전달하게 되기 때문이다.

반면 여행업계 종사자들은 일반 여행객들과 다른 점이 있다. 같은 곳을 여러 번 가고, 다양한 사람들과 반복해서 여행을 다니게 된다. 이 때문에 경험과 정보가 다양성을 가질 수 있게 된다. 그리고 많은 여행객을 리드하며 다양한 니즈를 접하고 해결해주는 경험을 하게 된다. 이런 프로로서의 경험을 살리면 여행을 준비하는 사람들이 겪는 선택의 문제에 대한 도움을 줄 수 있겠다는 생각이 들었다.

특히, 여행 중에 정말 별것 아닌 것 때문에 불쾌한 경험을 하고 그로 인해 여행의 즐거움을 망치게 되는 사람들을 위한 안내가 꼭 필요하다는 생각이 들었다. 미리 알고 준비한다면 불쾌한 경험을 피할 수 있을 거라고 생각하기 때문이다. 여행은 익숙한 곳을 떠나 낯선 곳으로 떠나는 것이다. 그러다 보니 평상시라면 하지 않을 실수와 잘못된 선택으로 원하지 않는 상황을 만날 가능성이 커진다. 여행 준비 과정부터 겪게 될 문제들과 여행 중에 일어나는 실수, 사건들로부터 나의 여행을 보호할 수 있게 되기를 바라는 마음으로 책을 집필했다.

더 나아가 이 책을 통하여 많은 사람이 여행하는 이유에 충실하고 여행의 즐거움에 몰입할 수 있길 바라며, 많은 문제와 선택의 기로 앞에서 고민을 해결하고 여행다운 여행을 할 수 있길 응원한다. 아울러 여행에서 내가 진정 원하는 것이 무엇인지, 여행을 통해 얻고자 하는 게 무엇인지 찾고자 하는 여행자들에게 도움이 되길 바란다.

자유 여행 준비자에게는 진정한 자유를 누릴 수 있는 여행에 관해,

일행과 함께하는 가족 여행이나 모임 여행을 준비하는 사람들에게는 함께 추억할 아름다운 여행을 만드는 기준과 요령을 준비했다. 또한 패키지여행을 준비하는 사람들을 위해 저렴한 상품도 괜찮은 건지, 비싼 상품이 좋은 건지, 어떻게 해야 마음 편한 여행을 할 수 있는지, 가이드와는 어떻게 소통해야 하는지 등의 현실적인 문제들을 해결하는 데 도움이 될 내용을 준비했다.

이 외에도 나만의 여행을 만드는 방법, 나를 기쁘게 하는 것을 찾는 방법, 오래 기억할 수 있는 추억을 만드는 방법 등을 찾는 데 도움이 되고자 했다. 나는 특히 자녀를 동반한 가족 여행을 소중히 생각한다. 준비 과정부터 여행 중에 생기는 다양한 선택을 가족의 행복을 위해 지혜롭게 처리하는 방법을 제시하고자 노력했다. 그 외에 여행 만족 요인 세 가지와 손주, 손녀들과 함께하는 여행법 등 소소한 내용도 담았다.

끝으로 이 책을 읽는 모든 사람이 인생의 가장 소중한 시간 중의 하나인 여행을 멋지게 해낼 수 있는 지혜를 얻기를 바라며, 귀한 여행을

낭비하지 않고 영원히 기억될 마법 같은 추억을 만들기 바라는 나의
마음을 꼭 읽어주길 바란다.

임영택

✈ ## 나의 추억이 깃든 여행지

영국, 프랑스, 독일, 이탈리아, 스위스, 그리스, 체코, 오스트리아, 헝가리, 스페인,
러시아, 네덜란드, 벨기에, 호주, 뉴질랜드, 미국, 캐나다, 멕시코, 이집트, 두바이,
터키, 카자흐스탄, 중국, 일본, 싱가포르, 홍콩, 태국, 베트남, 캄보디아, 필리핀,
인도네시아, 말레이시아, 미얀마 등

**2장**

나만의
특별한 여행을
만드는
기준과 요령

**3장**

이제는
반자유 여행
으로 즐겨라

1장

# 어떤 여행을
# 할 것인가?

# 여행이란 무엇이고
# 무엇이 되어야 하는가?

사람들은 여행을 왜 좋아하는 걸까?

"여행 많이 다니셔서 좋겠다. 어디가 제일 좋으셨나요?"

33년 동안 여행업을 하면서 내가 가장 많이 듣는 질문이다. 처음 몇 년 동안은 어찌 대답해야 좋을지 몰라 우물쭈물했다. 원하는 답이 뭔지 몰라 망설였다. 여행 하기 제일 좋은 곳이 어딘지 알고 싶은 건지, 추천해주고 싶은 여행지가 어디냐고 묻는 건지 헷갈렸다. 내가 좋아했던 여행지가 궁금한 건 아닌 것 같은데 하는 생각도 들었다. 상황에 따라 이런저런 대답을 하다가 스스로 이런 질문을 하게 되었다.

'사람이 여행을 좋아하는 이유는 도대체 무엇일까? 여행의 어떤 점들이 우리를 즐겁게 만드는 걸까?'

이런저런 생각 속에 문득 지난 파리(Paris) 여행이 생각났다. 샹젤리제(Champas Elysees) 거리에서 스쳐 지나가던 프랑스 사람들의 바쁜 걸음과 무표정한 눈빛이 떠올랐다. 그때 당시에 나는 매우 즐겁고 약간 흥분되어 있었는데 그들은 전혀 다른 표정을 갖고 있었다. 마치 내가 서울에서 월요일 아침 출근길에나 지을 법한 표정과 눈빛이었다. 생각해보니 사실이 그랬다. 그들은 '출근 중'이었다. 갑자기 어두운 방에 빛이 비치는 느낌이 들었다. 그렇구나! 여행의 즐거움은 장소가 절대적인 요인은 아니구나?! 만일 장소가 즐거움의 절대적 요인이라면 그때 그 파리의 사람들도 즐거운 표정과 들뜬 눈으로 나를 바라보았어야 하리라.

그럼 여행의 무엇이 나를 즐거운 흥분으로 안내하는 것일까? 파리에서 만난 프랑스인들과 나의 다른 점, 그것은 바로 '일상에서의 떠남'이다. 여행 중인 나에게 파리는 떠남의 장소였고, 파리의 그들에겐 일상의 장소였다. 일상을 떠나 도착한 여행지가 나에게 즐거움과 흥분을 주었던 것이다. 그래서 서울을 떠나지 못한 나는 이따금 아무 생각 없이 광화문 거리를 걷는다. 그러고는 들떠서 기념사진을 찍는 여행객을 무심하게 지나친다. 파리에서 그들이 그랬던 것처럼 눈인사도 안 한다. 그렇다! 일상을 떠나는 것, 그것이 바로 여행의 매력이다.

## 어디를 가야 즐거운 여행이 될 수 있을까?

나에게 사람들이 질문했던 이유는 바로 "어디를 가야 내가 더 즐거울 수 있을까요?"였던 것이다. 이제는 같은 질문을 또 받게 된다면 그에 대한 답을 이렇게 말하리라. "떠날 수 있다면 가능한 한 멀리, 나를 둘러싼 모든 것들을 잊을 만큼 멀리 가세요."

떠남을 충분히 누릴 수 있는 곳이 즐거운 여행지가 될 가능성이 크다. 그리고 그러기 위해서는 역시 멀수록 좋다. 지리적 거리가 먼 곳은 물론이고 문화적, 사회적인 거리감이 큰 곳이라면 더 좋다.

예를 들면 우리에겐 중국 베이징(Beijing)보다는 프랑스 파리가 더 좋은 장소가 될 가능성이 크고, 상대적으로 독일 사람들에게는 파리보다는 베이징이 여행의 즐거움을 더 크게 느낄 수 있는 장소가 될 것이다. 이것은 거리뿐만 아니라 문화적인 이질감도 한몫한다. 우리가 베이징에서 여행의 만족감을 상대적으로 적게 느끼는 것은 문화적인 이질감을 적게 느끼기 때문이기도 하다. 우리 눈에 비치는 베이징은 먹거리, 건축물, 비슷한 외모의 사람들 등 익숙한 것들이 많다. 이러한 점은 우리가 낯선 곳으로 여행 왔음을 실감하기에 조금 부족함이 있고, 약간의 걱정과 긴장을 동반한 흥분을 느끼기에도 살짝 아쉬움이 있다. 이에 비하여 파리에 간다면 외모부터 다르게 생긴 사람들의 낯선 말투와 표정에 위축된다. 그리고 낯선 건축물과 거리의 풍경들, 읽기 힘든 글자들에 둘러싸이게 된다. 자연스럽게 긴장하게 되고 여행의 흥분을 충분히 느끼게 되는 것이다. 대부분 문화적 이질감은 거리와 비례해서 커진다. 그러니 여행지는 먼 곳이 가까운 곳보다 좋을 가능성이 크다. 단, 새로운 곳이어야 한다. 지난달에 파리를 다녀온 사람에게는 처음 가는 베이징이 더 좋을 수도 있다는 것이다. 역시 떠남의 설렘은 낯선 곳일수록 더 크게 느껴지기 때문이다. 떠난다는 것은 결국 익숙함을 버리고 낯선 것이 주는 설렘에 도전하는 것이라고 할 수 있다.

### 여행의 즐거움은 '내가 원하는 것'이 옳다

그래서일까? 젊은 사람들과 나이 든 분들이 선호하는 여행 형태도 확연히 다름을 볼 수 있는데, 활동력이 왕성하고 체력이 좋은 20~30대

젊은 사람들(특히 남자)은 대부분 휴양 형태를 선호하고 심지어 관광지에 가서도 편안한 일정을 원한다. 반면에 무릎도 불편하고 허리도 안 좋고 음식도 잘 못 드시는 어르신들께서는 대부분 빡빡한 일정의 여행을 선호한다. 이건 아마도 평상시의 삶과 다른 일상을 떠나는 즐거움을 누리고자 하는 본능이 아닐까?

우리나라 젊은이들은 책임감과 해야 할 일들 속에서 쫓기듯 바쁜 하루하루를 살아가고 있다. 게다가 자기 마음대로 할 수 있는 일도 많지 않다. 그야말로 삶을 '살아내고' 있다고 해도 과언이 아니다. 그러니 여행만큼은 아무것도 안 해도 되는 휴양형을 선호하는 것이 어쩌면 당연하다. 매일 바쁘게 쫓기듯 살았는데 여행 가서까지 몇 시에 일어나서 몇 시까지 모여서 오늘 볼 것은 이것, 이것이고 오늘 식사는 몇 시에 어디서 무엇을 먹고…… 생각하기도 싫어질 것 같다.

반면에 어르신들은 평상시에 크게 바쁘지 않은 약간의 무료함으로부터 떠나고 싶어서일까? 아니면 앞으로 기회가 많지 않을 것 같아서일까? 정말 체력의 한계를 체험하려고 노력하는 것처럼 보이기까지 한다. "어르신 오늘 힘들지 않으셨어요?", "아이구, 말도 말아. 관절염약 안 갖고 왔으면 못 따라다닐 뻔했어." 그래서 혹시 아프기라도 하면 어쩌나 하는 걱정에 "그러면 내일은 일정 몇 개를 빼고 조금 편하게 다니시면 어떨까요?" 물어보면 하나같이 "무슨 소리야, 다 봐야지" 하신다. 심지에 일정에 없는 것을 추가로 넣어주면 가이드가 아주 훌륭하다면서 칭찬까지 해준다. 여행사 직원으로서 참으로 아이러니한 일이다. 수년간 이런 상황들을 만나면서 깨달은 것은 고객이 원하는 게 그들의 즐거움 차원에서는 옳다는 것이다.

해방감은 가장 큰 선물이다

여행의 또 다른 매력은 어떤 여행을 하든지 다시 일상으로 돌아올 수 있다는 것이다. 이것이야말로 여행이 가진 매력이자 선물이라고 생각한다. 오래전 은행 직원들의 여행 준비를 도와준 적이 있다. 그때 강조하며 추천한 것이 평상시와 다른 것을 해보라는 것이었다. 그들은 검정 계열의 양복에 흰 셔츠로 이미지화된 일상을 산다. 규정과 규칙에 매여 사는 이들이라 생각했기에 힐링에 필요한 것은 해방감이며 그것을 할 수 있는 몇 안 되는 기회가 여행이라고 강력 추천했다.

출발 당일, 공항 집결 장소에 다른 분들과 전혀 다른 분위기의 한 사람이 내 주위를 맴돌고 있었다. 당연히 우리 일행이 아니라고 생각될 정도로 확연히 다른 모습을 하고 있었다. 은행원들끼리 함께 가는 여행에 염색 머리와 반바지 차림의 사람을 일행이라고 생각할 수 없었다. 그분은 그렇게 진정한 여행자의 모습으로 출발했다. 그리고 어찌 보면 당연한 결과겠지만, 만족스러운 여행을 하고 왔다.

그로부터 20여 년이 지나 얼마 전 그 고객과 우연히 통화를 했는데, 무척 반기면서 지금은 본부장이라고 했다. 그때 그 여행과 나를 잊을 수 없다며 한번 만나자고, 맛있는 식사를 대접하고 싶다고 했다. 며칠 후 점심을 함께하면서 즐거운 시간을 보냈다. 20년 만에 만난 사이 같지 않게 전혀 어색함 없이 참으로 오랜 시간 대화를 나누었다. 서로에게 잊을 수 없는 사건을 공유하고 있기에 가능한 것이었으리라. 이야기 중 염색에 얽힌 사연을 들었다. 와이프가 출발 전에 재미있는 여행을 위해 염색할 것을 추천했다고 한다.

지금 생각해보니 그때 그렇게 안 했으면 평생 염색은 못 해보고 죽을 뻔했다며 백번 잘했다고 생각한다면서 너털웃음을 지었다. 그의 호탕한 웃음소리에 해방감을 맘껏 누렸을 지난 여행의 추억을 느낄 수 있었다.

## 여행은 나로부터의 떠남이다

혼자 떠나는 여행이라면 나로부터의 떠남도 추천한다. 여행이 주는 즐거움의 본질은 떠남이고 또 떠남 중에 가장 중요하고 어려운 것은 나로부터의 떠남이다. 나를 객관적인 시각으로 바라보고 내가 아닌 나로 살아보는 경험이 주는 즐거움을 누려보자. 온전히 나를 위한 삶, 해보고 싶었고 살아보고 싶었던 새로운 삶으로 과감하게 떠나보자.

나를 옭아매고 있는 주위 사람들의 기대와 인식으로부터 떠나보자. 그리고 그렇게 살아오며 길들여진 나의 의식과 태도를 잠시 바꿔보자. 만약 이러한 것으로부터 떠날 수 있다면 그래서 나를 있는 그대로 바라볼 수 있게 된다면 그 여행은 특별한 시간으로 기억될 것이다.

'나는 이런 사람이야'라는 틀을 깨고 느끼고 생각하는 대로 해보는 것, 잠시나마 있는 그대로의 나로 살아보는 것은 일상의 틀 속에서 살던 나와는 다른, 어쩌면 진정한 나 자신을 만나는 길이 아닐까? 그렇게 만나게 되는 내가 나에게 진정한 힐링을 줄 수 있을 것이다. 이것이야말로 우리가 여행을 통해서 얻을 수 있는 가장 소중한 선물이다.

# '어디를'보다 '누구와'가
# 더 중요하다

나를 둘러싼 관계에서 떠나는 것도 여행이다

떠남에 충실하기 좋은 여행은 역시 혼자 떠나는 여행이다. 그러나 대부분의 여행에는 동행이 있다. 누구와 가느냐의 문제는 여행의 장소만큼이나 매우 중요한 여행 조건이다. 함께 여행을 떠나고 싶은 이가 있는가 하면 여행을 같이 가고 싶지 않은 사람도 있다.

내가 여행업을 하면서 알게 된 '함께 여행하고 싶지 않은 사람' 랭킹 1위는 '남편'이 차지했다. 그런데 아내들은 왜 남편과 함께 여행하고 싶어 하지 않는 걸까? 여행의 맛이 나지 않는다고 한다. 그도 그럴 것이 여행을 가서도 집에서 하던 것과 별반 달라지는 게 없다는 것이었다. 집에서 그랬듯이 이것저것 챙겨줘야 하고, "여보, 내 양말 어디 있어?"부터 시작해서 심지어는 호텔 방의 TV 리모컨 어디 있냐고 물어본다면 이런 말을 하고 싶을 것이다. "나도 여행 중이고 여기 처음이라고~!!" 이런 일행과 함께하는 여행이라면 당연히 즐거움이 반감될 것이다. 이것은 아마도 직장인이 상사와 함께하는 여행을 좋아하지 않는 이유와 비슷할 것이다. 이런 동행은 일상으로부터 떠나고자 하는 마음에 장애로 작용하기 때문이다. 즉 일상에서 나를 구속하는 사람은 나의 여행에 매우 큰 장애가 되며 그것은 곧 불만으로 이어지게 된다.

반면 기꺼이 함께 가고 싶지만, 막상 그 동행이 만족에 방해가 되는 여행도 존재한다. 아이들과 함께 가는 여행이 대표적인 경우다. 아이들은 분명히 부모들의 떠남에 커다란 장애가 된다. 그러나 여기에는 반전이 있다. 부모들이 이것을 강렬히 원한다는 것이다. 그뿐만 아니라 아이들의 행복이 즐거움의 이유가 된다. 이럴 경우, 나를 둘러싼 관계로부터의 떠남이라는 여행의 목적과 상충하게 된다. 그래서일까? 아이들과 함께한 여행은 기쁨과 즐거움은 충만할 수 있으나 피곤하고 지치는, 무언가 부족한 느낌의 여행이 되기도 한다.

## 가족과 부부, 두 마리 토끼를 다 잡은 힐링 여행

아이들과 함께 휴양지로 여행을 가고 싶어 하는 부부를 상담한 적이 있다. 남편은 육아에 지친 아내를 쉬게 해주고 싶어 했지만, 부인의 관심은 온통 아이들에게 있었다. 휴양지에 가서도 엄마는 쉴 수 없을 것이 예상되는 상황이었다. 아내는 이번 여행에서 아이들이 즐거워하는 모습을 보는 것이 가장 원하는 것이었지만 남편의 생각은 달랐다. 여행 준비자인 남편에게 확인차 물었다. "이번 여행에서 가장 원하는 것이 부부의 힐링인가요?" 남편은 그렇다고 대답했다. "좋습니다. 그렇다면 한 가지 제안을 하겠습니다. 여행지에서 최소한 한번 이상 오후 시간에 아이들만 남겨두고 둘만의 시간을 가지세요. 물론 아이들을 보살펴주는 현지 가이드를 고용할 수 있습니다. 동남아 휴양지로 가신다면 비용도 많이 들지 않습니다." 그런 방법이 있냐면서 남편은 나의 제안을 받아들였다. 그들은 필리핀의 보석 같은 휴양지 보라카이(Boracay)로 갔다. 아름다운 해변이 보이는 호텔에서 아이 돌봄 서비스를 이용하는 여행을 하고 왔다. 남편과 아내는 해변의 카페에서 칵테일을 마시고 유명한 쇼핑몰에서 자유 쇼핑도 하고, 야자수 그늘에서 마사지를 받으며 잠시나마 아이들을 떠나 휴가를 만끽할 수 있었다. 후일담으로 부모들보다 아이들이 더 만족해하는 여행이었다는 이야기를 들었다.

만일 그 가족들이 베이징으로 여행가서 만리장성과 자금성 등을 보는 일정을 택했다면 이런 결과가 가능했을까? 이처럼 어디를 가느냐는 것은 누구랑 가느냐에 의해 결정되어야 하는 경우가 많다. 즉 어디를 가느냐에 앞서 누구랑 갈 것인가를 먼저 결정해야 하며, 동행의 특성과 취향을 충분히 고려해서 여행지를 정해야 모두가 만족할 수 있는 여행이 가능할 것이다.

### 일행과 함께하는 여행을 잘한다는 것의 의미

"여행 한번 잘하고 왔다!" 여행을 마치고 돌아오는 길에 이렇게 자신 있게 말할 수 있는 조건은 무엇일까? 가성비? 편안함? 럭셔리? 여러 요인을 꼽을 수 있다. 그러나 진정 원하는 것은 꿈꾸던 여행을 후회 없이 즐겁게 즐기고, 오래도록 기억하고 싶은 아름다운 추억으로 만드는 것이다. 그리고 그런 소중한 순간을 함께하고 싶은 사람이 있을 것이다. 그 사람이 바로 함께 가야 할 사람이다. 그리고 행복은 사람 간의 관계에서 비롯된다. 사람은 사회적 동물이기 때문이다. 아무리 비싼 음식을 먹어도 싫은 사람과 불편한 자리에서 먹는다면 맛있었다고 기억되지 않는 것과 같다. 여행도 마찬가지다. 특히 하루 24시간 밀착 관계를 유지하는 여행이야말로 누구와 함께 가느냐가 결정적으로 중요한 요인이 된다.

결국 동행이 있는 여행에서 좋은 여행지란 동행과 함께 떠남을 누릴 수 있는 곳이다. 즉 동행의 마음이 편안히 떠남을 즐기도록 배려해 줄 수 있는 곳이다. 동행과 나의 성향 그리고 관계에 따라 여행지가 달라져야 한다. 여행을 떠날 거라면 어디 갈지 정하기 전에 누구와 갈 것인가를 먼저 정하길 바란다.

# '왜' 가려는지를
# 찾아라

무엇을 원하는지 선명할수록 여행은 만족스럽다

어떤 일이든지 이유와 목적이 결과를 좌우하는 가장 중요한 요인이다. 여행도 그렇다. 왜 가려고 하는지? 무엇을 원하는지가 선명할수록 더욱 만족할 수 있다. 내가 무엇을 원하고, 어떤 것에서 만족감과 즐거움을 느끼는지를 알아야 더 제대로 즐길 수 있다.

오랫동안 여행을 준비하는 많은 사람에게 도움을 주면서 느낀 점이 있다. 대부분이 자신이 무엇을 좋아하는지를 모르거나 불분명한 경우가 많다는 것이다. 이런 점은 좋은 여행을 선택하기 어려운 이유 중 하나다. 사람들은 "어떤 여행을 하고 싶으세요?"라는 질문에 마치 "왜 사는가?"라는 질문을 받은 사람처럼 답하기 어려워한다. 그도 그럴 것이 일상에서도 '오늘 뭐 먹지?' 하는 고민을 하면서 살아간다. 30년 이상을 그렇게 살아왔는데 갑자기 내가 무엇을 좋아하는지, 원하는 여행이 어떤 것인지를 또렷하게 안다는 것은 당연히 어려운 일이다. 여행은 인생의 축소판이기 때문이기도 하다.

## 좋아하는 것과 싫어하는 것을 적어라

그렇다면 여행을 통해 나를 알고, 나를 찾는 경험을 해보자. 우선 내가 좋아하는 것과 싫어하는 것을 적어보자. 이때 리스트는 솔직하게 그리고 구체적으로 적는 것이 중요하다.

- 내가 좋아하는 것
  - 전망 좋은 숙소
  - 경치 좋은 곳에서 산책하는 것
  - 분위기 있는 식당/카페
  - 새로운 것을 싸게 살 수 있는 쇼핑
  - 이야기가 통하는 사람과 함께 있는 것

- 내가 싫어하는 것
  - 기다리는 것
  - 사람이 많고 번잡한 곳
  - 불결한 식당
  - 배려받지 못하는 것
  - 통제하지 못할 위험에 처하는 일
  - 자기 마음대로 하는 사람과 함께하는 것

예를 들기 위해 위와 같이 간단하게 적어보았다. 이 외에도 사람마다 더 많은 것을 적을 수 있다. 사람마다 취향도 성향도 다르기 때문이다. 적은 리스트를 보면서 좀 더 구체적인 여행 계획을 세워보자.

여행지, 숙소, 식사, 교통편, 관광지 등 각각의 여행 구성 요소가 마음에 들거나 좋아하는 것이라면 Yes, 싫어하는 것에 해당하거나 불편해 보이면 No를 적은 후 그 결과에 따라서 Yes와 No 요소를 구분하고 확인한 뒤 No를 피할 수 있는 여행지를 선택하자. 참고로 Yes를 찾는 것보다는 No를 피하는 것에 주력하는 것이 보다 좋은 결과를 얻을 수 있게 된다.

나를 위한 여행이 되기 위해서는 내 감정에 솔직한 결정을 해야 한다. 좋아하는 것에 충실하고 싫어하는 것을 피하는 여행을 준비하다 보면 가끔 두 가지가 서로 충돌하는 경우를 볼 수 있다. 이럴 때는 열린 마음으로 넓게 생각해보자. 즉, 눈치 보지 않고 내 맘대로 할 수 있다는 여행의 특성을 살려서 긍정적인 해법을 찾는 것이다. 위 리스트로 예를 들어보자. 기다리는 것을 싫어하고 번잡한 곳에 가는 것을 싫어하지만 분위기 좋은 맛집에서 식사하기 위해서는 어느 정도의 번잡함과 기다림은 감수해야 한다. 그리고 저렴하게 쇼핑을 할 수 있는 곳도 비슷한 상황이 될 수 있다. 이럴 때는 이렇게 해보자.

첫째, 방문 시간을 바꿔보자. 많은 사람이 선호하는 시간을 피해서 가자. 여행 중이기에 얼마든지 조절이 가능할 것이다. 쇼핑도 마찬가지로 오전 시간을 활용한다면 번잡함을 어느 정도 피할 수 있을 것이다. 단, 식당의 경우에는 브레이크타임이 있으니 확인하자. 둘째, 기다리는 시간을 활용할 방법을 생각해보자. 다음 일정을 상의한다거나 촬영한 사진을 정리하는 시간으로 활용한다면 기다리는 시간이 그리 나쁘지만은 않을 것이다.

## 테마를 정한다

자신의 취향을 알았다면 그다음에는 주제를 정한다. 주제가 있는 여행은 어군 탐지기를 장착한 어선과 같다. 주제가 있다면 그렇지 않은 여행에 비하여 빛나는 추억을 풍성하게 갖게 될 것이다. 단, 주제는 반드시 본인이 원하는 것이어야 한다. 보여주기식의 그럴싸한 주제는 여행을 방해할 뿐이다. 만약 '식탐 여행'을 주제로 정했다면 맛집 탐방은 기본이고 고유의 음식 문화와 식도락과 관련된 탐방까지 여행 코스를 짤 수 있을 것이다. 또 '게으름' 같은 추상적인 주제를 정할 수도 있는데, 그럴 경우 '나는 도대체 얼마나 게을러질 수 있는가?', '게으름의 한계를 찾아서'를 주제로 정해도 좋다. 오히려 평상시에 꿈꾸지도 못할 얼토당토않은 주제가 여행을 더욱 여행답게 할 것이다.

## 그는 왜 스위스에 온 걸까?

유럽 여행 중에 만난 여행객이 생각난다. 파리행 테제베(TGV) 열차를 타기 위해 베른(Bern)에서 제네바(Geneva)로 가는 열차에서 옆자리의 배낭여행객과 이야기를 나누었다. 그는 복학생이었다. 나에게 한 달 계획으로 여행 중인 이야기를 들뜬 목소리로 들려주었다. 인터라켄(Interlaken)에 갔다가 산악열차 비용이 많이 들어서 융프라우요흐(Jungfraujoch)에 올라가지 않았다고 했다. "왜요?"라는 내 질문에 다른 것을 할 수 있게 돈을 아낀 것이라고 답했다. 본인의 선택에 대하여 참 뿌듯해하는 표정을 지었다. 하지만 나는 그 학생의 결정에 잘했다고 할 수 없었다.

마치 경주 여행에서 불국사와 석굴암을 보지 않은 것과 같기 때문이었다. 물론 가성비는 모든 일에 중요하게 생각되는 부분이다. 그러나 여행에서만큼은 가성비를 다르게 생각하여야 한다. 단순히 경비 절약으로 가성비를 좋게 하는 것은 여행의 즐거움을 망칠 수 있을 뿐 아니라 여행의 목적과 동떨어진 결과에 도달할 수도 있다. 이런 까닭에 나는 그가 스위스를 여행한 진정한 이유가 아직도 궁금하다.

### 여행에서 가성비의 기준은 '나'다

여행객들이 가성비라는 명분으로 여행 본연의 목적과 즐거움을 포기하는 이유는 뭘까? 대부분이 나 자신에게 여행을 가는 이유에 대한 진지한 질문을 하지 않기 때문이다. 주제를 정하지 않은 상태에서 준비와 시행에만 몰입하기에 이런 실수를 한다. 그래서 좋은 여행을 위해서는 본격적으로 여행 준비를 하기 전에 생각하는 시간을 갖는 것이 좋다. 구체적인 답을 얻지 못하더라도 좋다. 생각하고 시작한 것과 그렇지 않은 여행은 분명히 과정이 다르게 진행된다.

지금의 내가 직업으로 하는 일이 아닌 평상시에 하고 싶었던 일이나 학창 시절에 관심이 있던 것 등 가성비가 아닌 새로운 여행의 주제, 목적, 가치를 생각해보자. '다른 모습으로 살아보고 싶은데 그런 삶은 어떤 모습일까?', '돈 걱정 없이 살면 어떤 기분일까?' 등 무엇이라도 좋다. 어떤 여행을 하든 다시 일상으로 돌아올 수 있다는 것이 여행의 큰 매력이다. 그러니 내가 진정 원하는 것은 무엇인가 생각해보고 과감하게 나를 떠나 다른 삶을 사는 여행을 계획해보자.

# 준비부터 여행의
# 시작이다

### 세월만 보내지 말자

가고 싶은 여행을 떠날 수 있는 확실한 방법은 그냥 벌떡 일어나서 앞뒤 재지 않고 즉시 떠나는 것이다. 그러나 대부분 '올해는 꼭 가야지' 하고 계획했다가도 시간이 지나면서 이 일 저 일이 생겨서 못 가게 된다. 정말 안타까운 것은 여행을 취소하게 만드는 일들이 인생의 정말 중요한 큰 문제라기보다는 조정 가능한 일들이라는 것이다. 그리고 진짜 문제는 여행을 꼭 가야 하는 중요한 것으로 생각하지 않는 것이다. 그래서 "언제 한번 가긴 가야 하는데"로 세월만 보내게 되는 경우가 많다. 만약 "인생의 주인공이 누구이며, 무엇을 위한 삶을 살아야 하는가?"라는 질문을 한 번쯤이라도 진지하게 생각해본다면 여행이 얼마나 중요한 것인지 알 수 있게 될 것이다. "로또에 당첨되어 돈 걱정 없는 상태가 된다면 무엇을 하고 싶으십니까?"라는 질문에 많은 사람이 여행을 가고 싶다고 대답한다. 즉 여행은 모두의 꿈이다.

우리는 꿈을 위해 하루하루를 열심히 살아간다. 그러면서도 한편으로는 꿈을 소홀히 하는 삶을 살아가고 있다. 이것은 참으로 아이러니가 아닐 수 없다. 기억하자. 여행은 하루를 열심히 살아갈 수 있게 동기부여를 하는 역할도 한다. 아침에 일어나 휴가 때 가기로 한 여행지를 상상하는 사람은 다른 사람에 비해 훨씬 더 활기차게 하루를 보낼 수 있을 것이다. 이 사실을 아는 사람들은 여행을 진지하게 준비한다. 지인 중에 매년 휴가를 내서 해외여행을 다녀오자마자 다음 여행을 계획하는 분이 있다. 여행 다녀온 지 얼마나 됐다고 벌써 다음 여행을 준비하느냐는 내 질문에 그는 이렇게 답했다. "여행을 준비하는 동안과 다녀와서 몇 개월간 기분 좋은 하루를 살 수 있기 때문이지요." 이 때문일까? 여행을 즐기는 사람들이 그렇지 않은 사람들에 비해 성취도가 높은 편이다.

### 지금 바로 떠날 수 없다면 출발을 예약하라

이렇게 유용한 여행을 계획대로 떠날 수 있게 도와주는 또 다른 방법이 있다. 예약 제도를 적극 활용하는 것이다. 항공권, 숙소, 여행 상품 등을 예약하자. 특히 취소 수수료가 발생하는 예약을 추천한다. 그리고 나의 여행 계획에 영향을 줄 수 있는 사람들에게 예약 사실을 적극적으로 알려라. 그러면 여행의 본격적인 첫걸음을 시작했다고 할 수 있다. 혹시 말처럼 쉽지 않다고 생각하는가? 하지만 정말로 생각보다 어렵지 않다. 해보면 알게 된다. 하고 나면 기분이 좋아진다. 그리고 덤으로 삶을 주도적으로 살아갈 어떤 방법을 찾은 것 같은 뿌듯함을 느낄 수도 있다.

자, 이제 여행을 확실히 가겠다고 마음먹었으니 좋은 여행을 계획해보자. 먼저 혼자 갈 것인가? 동행이 있는 여행을 할 것인가를 결정하는 것이 좋다. 만일 장소와 시간을 먼저 정하고 동행을 정한다면 여행 계획을 처음부터 다시 하거나, 후회하는 여행을 경험할 수도 있다. 앞서 강조했듯, 어디를 가느냐보다는 누구와 가느냐가 여행의 만족에 더 큰 영향을 미치기 때문이다. 동행과 함께하는 여행을 준비하는 첫걸음으로는 동행과의 관계 맺음이 얼마나 잘 되어 있는가를 점검하는 것이 중요하다. 일반적으로 위계질서가 명확한 선후배 관계가 친구나 연인과 함께하는 여행보다 편하다. 준비가 쉽고 여행 중에도 불협화음이 적다. 속마음이야 어떻든 간에 겉으로는 그렇다.

## 동행과 함께하는 여행 준비의 키워드

위계질서와 관계가 명확하지 않은 동행과 함께하는 여행에는 '공유'와 '동의'를 꼭 챙겨야 한다. 이것은 매우 중요한 것으로 여행의 결과를 거의 결정한다. 좋은 사례가 있다. 해외여행을 준비하는 초등학교 동창 모임이 있었다. 총무가 아는 분이었는데 어느 날 전화가 왔다.

"잘 지내지요? 바쁘신가요? 통화 가능하세요?"

"안녕하세요? 잘 지내시죠?"

"다른 게 아니고 모임에서 여행을 가려고 하는데 견적 좀 받아볼 수 있을까요?"

"당연히 가능합니다. 그런데 어떤 모임이고 몇 분이 언제쯤 어디를 가시려고 하는 건가요?"

"내가 총무로 있는 동창 모임인데요. 해외여행을 가려는데 날짜는 정해졌고요. 제가 알아서 결정하면 되는 거니까, 잘 알아서 추천 부탁합니다."

"네, 감사합니다. 그런데 다른 분들도 아는 여행사가 있을 것 같은데, 여러 곳에서 견적을 받아서 비교하는 것이 좋지 않을까요?"

그분은 걱정하지 말라며 멤버들이 본인에게 위임한 건이라 괜찮으니 알아서 잘해달라고 했다. 하지만 소통과 참여가 친목 여행에 미치는 영향을 잘 아는 나는 정중히 다시 요청했다. 그러자 그분도 내 의도를 이해했다. 나는 왜 쉽고 편한 길을 두고 어렵고 불확실한 길로 돌아가는 방법을 택한 걸까? 아니 왜 그래야 했을까? 그것은 이분들과 오랫동안 거래하면서 믿음을 주고받는 관계를 맺고 싶었기 때문이다. 그래서 멤버 모두가 만족할 수 있는 여행을 추천하고 싶었다. 그러려면 여행 조건을 정할 때 모든 멤버가 여행 정보를 정확히 알아야 한다. 그리고 결정 과정에 모두가 참여하는 것이 중요하다.

그래서 두 가지를 부탁했다. 첫 번째는 모든 멤버에게 가고 싶은 곳과 다녀온 곳을 카톡이나 문자로 받아서 나에게 전달해주는 것이었고, 두 번째는 모든 멤버에게 아는 여행사로부터 견적을 받아줄 것을 요청했다. 그러자 그렇게 하면 내가 아닌 다른 여행사에서 하게 될 경우를 걱정하면서 나와 함께한 좋은 여행 경험 때문에 나에게 의뢰하고 싶다고 말했다. 더욱이 이번 멤버 중에 나를 좋아하는 멤버가 많기 때문에 가급적 나에게 맡기고 싶다고 했다.

참으로 고마운 마음이다. 그런데 그렇게 결정하면 여행에 가서 불만의 원인이 될 수도 있다. 특히 동창 모임에서 가는 여행의 목적은 친목이다. 만약 멤버 중 누구 한 명이라도 마음 불편한 사람이 생긴다면, 그분에게는 안 간 것만 못한 여행이 될 수도 있다. 그뿐만 아니라 안 좋은 추억으로 남는 여행은 모임에 악영향을 끼치게 된다. 나는 30년 우정에 문제가 될 수도 있는 여행을 안내하고 싶지 않았다. 그러기 위해서는 모든 멤버가 참여하는 결정 과정을 거쳐야 했다. 그렇지 않고 일방적인 방법으로 결정된 여행은 진행 중에 사소한 일로 불만이 표출되게 된다. 마치 불씨를 들고 풀숲으로 들어가는 것과 같다.

즉 멤버 중 한 사람이 "내가 아는 여행사에서는 이렇다던데" 등의 말을 할 일이 생길 수도 있다. 결정 과정에서 아는 여행사의 제안을 모두 말할 기회를 준다면 여행 중에 나올 법한 볼멘소리는 예방될 것이다. 그리고 여행사와 결정자, 멤버들 간에 신뢰가 구축된 상태에서 여행을 출발할 수 있게 된다. 그러면 당연히 여행을 즐기는 일에 집중할 수 있게 된다.

## 여행 준비의 핵심은 결국 선택과 결정이다

결국 태국 치앙마이(Chiang Mai)를 선택하는 과정에서 '공유'와 '참여'라는 원칙은 지켜졌고 모든 멤버가 대만족하는 여행을 다녀왔다. 만일 첫 번째 원칙인 '모두의 생각을 말하게 하라'를 지키지 않았다면 여행지 결정이 힘들었을 수 있었고, 결정 과정에서 감정 상하는 멤버가 생길 수도 있었다. 사람들이 말하는 "알아서 해"는 내가 원하는 게 뭔지 캐치해서 알아서 잘 해달라는 뜻이 포함된 말이다. 그러니 멤버의 마음을 경청해야 한다.

어디를 가도 좋은 것이 여행이지만 각자의 상황에 따라 가고 싶은 지역은 다를 수 있다. 누구나 최근에 다녀온 곳을 또 가고 싶지는 않을 것이다. 혹시라도 갔던 곳을 또 가게 된 멤버가 있다면 꾹 참고 여행하다가 한마디 하게 될 수 있다. "저번에 왔을 때는 밥도 맛있었고 호텔도 좋았는데 이번에는 더 비싼데도 별로네." 어디라도 두 번째 여행이 첫 번째보다 더 만족스럽긴 어려울 것이다.

두 번째 원칙인 '중요 결정엔 모든 멤버가 참여할 기회를 주어라'도 마찬가지다. 요즘에는 여행사가 커피숍만큼이나 많다. 주위에 아는 여행사 하나 정도는 다 있다. 그냥 나서기 불편해서, 눈에 띄기 싫어서 가만히 있는 것이다. 그러나 눈이 있고 귀가 있고 생각이 있다. 만들 순 없어도 평가는 가능하다. 그리고 결국엔 놓친 고기가 커 보일 테고, 그러면 내가 아는 여행사에서 했으면 더 잘했을 것 같다는 생각이 들게 될 것이 당연하다.

## 누구 → 어디 → 언제 → 어떻게

이 대목에서 모임에서 가는 여행의 목적을 다시 되짚어보자. 이런 여행의 목적은 친목이다. 서로를 소중히 생각하는 사람들이 함께할 아름다운 추억을 만들기 위해 여행을 가려는 것이다. 준비 과정부터 멤버의 마음을 헤아려주는 것이 가장 중요하다. 멤버들을 배려해주는 것이 좋은 여행사를 선택하는 것보다 우선이 되어야 한다. 이렇게 동행이 있는 여행 준비는 동행의 마음을 헤아려주고 입장을 배려해주는 것이 모든 준비의 핵심이 된다. 어디를 갈지, 언제 갈지, 어떻게 갈지를 정하는 과정에서 동행의 참여를 어떻게든 끌어내는 것, 그것이 관건이고 핵심이다.

그리고 가족 여행을 준비하는 것이 의외로 어렵다고 말하는 분들이 있다. 그것은 이와 같은 과정을 충실히 이행하지 않았기 때문일 수 있다. 가까운 사이일수록 더욱 세심하게 신경 써야 한다.

이처럼 동행이 있는 경우에는 가장 중요한 것이 동행과의 관계 정립 그리고 참여와 공유다. 이와 같은 방법으로 결정 사항을 정한다면 문제 대부분은 사전에 예방할 수 있다. 일행과 함께하는 여행은 준비 단계에서부터 순서가 중요하다. '어떻게'보다는 '언제'를, '언제'보다는 '어디'를, '어디'보다는 '누구와'가 먼저 결정되어야 한다. 이 사실을 잊지 않는다면 당신의 여행은 당신에게 귀한 경험을 아름다운 추억으로 만들어줄 것이다.

# 여행 비용은 오로지 '내돈내산'

### "그래서 얼마입니까?"가 전부는 아니다

무언가를 구매할 때 결국 가장 궁금한 것은 가격이다. 여행도 마찬가지다. 가격에 따라 최종 결정이 내려진다. 그러나 여행에서만큼은 조금 다르게 생각해보자. 여행은 기본적으로 낭비적 성향의 소비 행위다. 심지어 지불한 돈의 액수와 상관없이 여행 후 손에 쥐어지는 것도 없다. 비싼 고급 상품을 구매해도 마찬가지다.

대한항공을 타고 파리의 럭셔리 호텔 스위트룸에서 잔다 해도, 로마(Roma)의 고급 레스토랑에서 비싼 해물 요리를 먹는다 해도 남는 건 없다. 스위스 융프라우요흐를 올라가서 알프스(Alps)산맥을 조망하며 밀려오는 감동의 짜릿함도 추억이 될 뿐이다. 남는 것은 휴대폰으로 찍은 사진뿐이다. 비즈니스석을 이용한다고 해도 기내에서 사용하던 담요는 고사하고 포크도 가질 수 없다. 호텔 스위트룸에서 며칠 밤을 자더라도 베개 하나 갖지 못한다.

에펠탑(Eiffel Tower), 루브르박물관(Louvre Museum) 등 유명한 곳을

간다고 해도 그림 한 점은 고사하고 에펠탑의 나사 하나 갖고 오지 못한다. 이것이 여행 상품 구매의 현실이자 결과다. 마치 100만 원짜리 놀이동산 이용권을 구매하여 사용한 것과 같다. 아무것도 가질 수 없다. 그리고 여행의 특성상 만족을 이끄는 요소들을 등급을 나누거나 규격화하기가 어렵다. 이 때문에 여행의 만족은 사람에 따라 다르다. 그래서 여행 상품을 구매하는 고객 대부분이 가격에 우선 가치를 둔다. 고객에게 여행 상품을 설명하다 보면 고객의 말이 들리는 듯하다.

"그래서 얼마입니까?" 그러나 이 질문은 여행이 소유를 통해 만족을 느낄 수 있는 소비가 아니라는 점에서 볼 때 잘못된 질문이다. 가격을 묻기 전에 "내가 어떤 경험을 통해 어떻게 행복해질 것을 기대할 수 있나요?"를 궁금해해야 한다. 그러한 의문을 품고 왜 이 가격인지, 어떤 기준으로 만들어진 일정인지를 질문해야 한다. 그래서 내가 원하는 것들을, 내가 좋아하는 방식으로 할 수 있는 여행인지를 확인하는 것이 우선되어야 한다. 여행은 눈부신 꿈이 설렘과 기대감으로 바뀌어 나를 위한 가슴 벅찬 낭비가 되기 때문이다.


## 쪼들리는 여행에 만족은 미션 임파서블이다

오랜 시간 여행 일을 하면서 자유 여행이나 패키지 여행객 모두에게 공통으로 느낀 점이 있다. 그중 하나가 빠듯한 예산에 쪼들린 여행을 하는 사람들에게는 행복한 웃음을 찾아보기 어렵다는 것이다. 여행을 준비하면서 처음 계획보다 좀 더 좋은 곳으로 가고 싶어지는 것은 당연한 일이다. 마치 백화점에 옷이나 신발을 사러 갔을 때와 같다. 저렴한 것보다 비싼 것에 눈길이 가고 고급스러운 것이 보인다.

그러다 보니 결국 예상보다 초과 지출을 하게 된다. 그러나 여행은 비싼 것이 반드시 좋은 것이 되지는 않는다.

여행은 출발 전에 대부분의 지출이 이뤄진다. 이때 욕심내서 무리한 구매를 하지 않도록 주의해야 한다. 여행 중에 하고 싶고, 먹고 싶고, 사고 싶은 것을 돈에 구애받지 않고 누릴 여유를 계산해봐야 한다. 이것이 여행을 통한 힐링에 꼭 필요하다. 패키지로 가는 분들은 전체 예산의 85% 선에서 구매 가능한 상품을 선택하는 것이 좋으며, 자유 여행객은 항공, 숙소, 교통편 예약 등의 출발 전 지출 경비가 예산의 70%를 넘지 않는 것을 기준으로 하면 좋겠다.

이렇게 하는 이유는 돈에 구애받는 여행을 하지 않기 위함이다. "아, 저건 하고 싶은데", "저거 맛있겠다. 다음에 오면 꼭 먹어봐야지" 하는 안타까운 경험은 일상에서 충분히 느끼지 않았던가? 적어도 여행에서만큼은 하고 싶은 것은 하고, 먹고 싶으면 먹어야 한다. 충분히 존중받는 시간을 보내자. 그래야 힐링도 하고 재충전도 된다. 여기서 잊지 말아야 할 것은 쪼들리는 여행을 피하기 위한 노력은 우선 지역 선정부터 시작되어야 한다는 것이다. 지역별로 적당한 가격대가 있다.

혹시 동남아 비용에 조금 더 보태면 유럽을 갈 수 있다는 상품을 알게 된다면 과감하게 돌아서야 한다. 유럽은 돈과 시간을 좀 더 여유 있게 준비해서 가자고 마음을 다잡아야 한다. 그것이 이번 여행을 행복한 추억으로 살리는 지름길이고 유럽 여행을 망치지 않는 비결임을 잊지 말자.

### 여행에서 가성비란?

 가격 대비 성능이 가성비라면 여행에서 성능이란 무엇일까? 아마도 지극히 '주관적인 판단'이 될 것이다. 미동부 여행의 필수 코스인 나이아가라폭포(Niagara Falls) 관광과 숙소로 예를 들어보자. 나이아가라폭포를 방문하는 것만을 놓고 볼 때 비용이 가장 적게 드는 방법은 나이아가라폭포를 보기만 하고 숙박은 다른 곳에서 하는 것이다. 숙박을 한다면 폭포에서 멀리 떨어진 곳에 위치한 호텔일수록 저렴한 일정이 될 것이다. 그러나 여기에서 가성비는 나이아가라폭포를 어떤 목적지로 생각하느냐에 달려 있다.

 가령 나이아가라폭포가 잘 보이는 곳에 위치한 엠버시 스위트 나이아가라 폴스(Embassy Suites Niagara Falls) 호텔에서 숙박할 경우로 비교해보자. 나이아가라폭포가 꿈에 그리던 장소가 아니었던 사람이라면 저 호텔에서 숙박하는 것은 가성비가 매우 떨어지는 선택이 될 것이다. 반면에 나이아가라폭포가 버킷 리스트의 상위에 있는 여행객이라면 저 호텔을 이용하려고 할 것이다. 하지만 나이아가라폭포가 잘 보이는 방은 비용이 비쌀 뿐 아니라 성수기에는 방을 구하는 것 조차 어렵다. 그럼에도 버킷 리스트에 있었다면 나이아가라폭포를 내 방 창문을 통해 코앞에서 볼 수 있는 숙소가 가성비 좋은 선택이다. 이렇듯 여행의 목적에 따라 원하는 숙소가 다르다. 마찬가지로 만족도도 달라진다. 이용 후기를 보면 알 수 있다.

- '만족' ☆☆☆
  - 조식 포함이어서 선택한 곳인데 코로나 때문에 조식 식당이 문

을 닫은 건 이해하지만, 방으로 배달해준다고 해서 봤더니 애플 주스, 생수, 머핀, 사과 하나씩이 끝이었음. 크게 기대한 것도 아니었는데 이럴 줄 알았으면 그냥 다른 곳 했을 것 같음.

- '추천합니다' ☆☆☆☆☆
  - 뷰가 멋졌습니다. 조식이 간단하게 배달되었어요. 사과, 물, 오렌지주스, 머핀.

- '강력 추천' ☆☆☆☆☆
  - 잊을 수 없는 웅장한 경관을 숙소에서 즐길 수 있었어요. best of best!

결국 이번 여행에서 나이아가라폭포의 비중에 따라 가성비 좋은 호텔이 달라진다. 단, 이도 저도 아닌 선택을 하지 않도록 주의하자. 다시 말해 엠버시 스위트 호텔을 이용하면서 경비를 아끼려고 주차장이 보이는 방을 이용한다면 가성비가 떨어지는 선택이다. 여행의 취지와 목적에 맞는 선택이 가성비에 중요한 포인트인 것이다.

## 여행에서만큼은 돈의 굴레에서 벗어나자

위에서 소개한 것 못지않게 중요한 것이 바로 돈으로부터 해방된 나로서 여행하는 것이다. 아마도 많은 사람에게 가장 행복했던 시절은 어린 시절로 기억될 것이다. 그때는 욕망이 단순했고, 직설적으로 표현했다. 자신이 무엇을 원하는지를 고민 없이 표현했다. 만족과 즐거움 또한 매우 순수했으며 그 모습을 함께하는 사람들에게도 행복감을 전달하는 존재로 살았다.

그러나 성장하면서 교육을 받고 주위 사람들에게 보이는 것이 중요하다는 것을 배우게 되었다. 그리고 언제부턴가 돈을 알게 되면서 많은 것이 달라졌다. 돈을 알라딘의 요술 램프쯤으로 생각하게 되었다. 그리고 마침내 모든 욕망을 돈으로 환산할 수 있게 되었다. 우리의 가치 또한 돈으로 평가받기도 했다. 돈이 모든 것을 이룰 수 있는 수단이 되었고, 어느 순간 수단이 목적으로 둔갑하고 돈이 최종 목표인 양 착각하며 살게 되었다. 이런 세상에서 여행도 돈을 기준으로 평가하는 것은 어쩌면 당연한 이치다. 그러나 그러기에는 여행은 우리의 삶에서 너무나 귀하다.

우리의 삶은 평균 3년에 고작 한두 번, 그것도 달랑 4일에서 12일 정도의 해외여행을 꿈꿀 수 있을 뿐이다. 이렇게 어렵고 귀하게 가게 되는 여행인데, 이때만큼은 돈이 아닌 내가 원하는 것을 선택하자. 어차피 쓰는 돈이 많거나 적거나 남는 것은 내 만족뿐이다. 준비한 시간과 돈을 모두 허비하고 손에 쥐어지는 것 하나 없이 추억이라는 보이지 않는 가치로 바꿔야 한다. 애당초 가성비가 존재할 수가 없는 선택이다. 어쩌면 잊고 있었던 순수한 나의 꿈으로 돌아갈 유일한 기회가 여행이다. 여행에서만이라도 가성비란 명목으로 스스로의 꿈을 디스카운트하는 오류에서 벗어나기를 바란다.

# 어떤 여행을
# 어떻게 준비할 것인가?

### 여행 타입별로 여행이 달라진다

여행은 동행 여부 외에도 타입에 따라 준비 방법과 상품을 선택해야 한다. 같은 여행지라도 가는 사람에 따라 원하는 것과 중요하게 생각하는 것이 달라지기 때문이다. 여행은 크게 혼자 가는 자유 여행, 동행과 함께 가는 자유 여행, 누군가에게 선물을 주고자 준비하는 여행, 패키지여행으로 크게 나눌 수 있다. 그럼 이제 여행 타입별로 필요한 것들을 알아보자.

### 혼자 가는 자유 여행을 준비할 때

혼자 가는 자유 여행이라면 나에게 충실하라. 내가 좋아하는 것이 무엇인지 나의 욕구에 귀 기울이는 것이 준비의 시작이 돼야 한다. 자랑하기 위해서 또는 인기 블로그가 추천하는 것 등은 참고용만 되어야 한다. 어디까지나 기준과 주제를 내가 주인공이 되는 여행으로 기획하고 선택하자.

우선 스스로 질문해보자. 나는 누구인가? 여행은 왜 가려고 하는가? 무엇을 원하고 무엇을 싫어하는가? 이때 앞에서 적은 싫어하는 것과 좋아하는 것 리스트가 도움이 될 것이다. 이 리스트를 가고자 하는 여행지에 적응시켜보면 보다 만족스러운 결정을 할 수 있을 것이다. 예를 들어 내가 좋아하는 '아침 산책을 즐기기 좋은 숙소'라는 나만의 구체적인 기준으로 숙소를 찾는다면 막연히 싸고 좋은 곳을 찾는 것보다 의미도 있고 만족에도 도움이 되는 수준이 다른 결정을 하게 된다. 이때 중요한 것은 솔직한 대답과 그에 따른 선택이다. 자기 자신에게 당당한 결정을 했다면 여행다운 여행을 만날 것이다.

## 동행과 함께 자유 여행을 준비한다면 생수를 조심하라

동행과 함께 자유 여행을 준비 중이라면 모든 멤버가 계획 단계에서부터 적극적으로 참여하는 것이 중요하다. 만일 준비와 계획을 한 사람에게 맡긴다면 그의 결정을 인정하고 따라야 한다. 이것은 편안함을 얻은 당연한 대가다. 만일 내 방식과 욕심을 포기할 수 없다면 계획과 준비에 적극적으로 참여하라.

만약에 내가 계획과 준비를 위임받은 사람이라면 사소한 것까지 최대한 공유하고 소통하라. 동행과 함께하는 자유 여행은 편해지는 것이 아니고 알아가고 배려해야 할 대상이 늘어난 것임을 명심하자. 그렇게 동행과 함께하는 자유 여행을 잘 준비하여 훌륭한 여행으로 마무리한다면 굉장한 것을 배우고 얻게 될 것이다. 그런 여행을 위해 준비하는 과정에서 역할과 책임을 분명히 정하라. 그것이 어려운 사이라면 가급적 패키지여행이나 최소한 반자유 여행을 추천한다.

자유 여행 중에 발생하는 불협화음은 사소한 것으로부터 시작된다. 가장 흔하게는 생수나 아이스크림 가격 등이 발단이 된다. 갈증이 난 A가 생수를 사서 마신다. B도 그 생수를 마신다. A가 자기가 산 생수를 들고 다닌다. C가 목이 말라서 A의 생수를 마신다. A가 생수를 들고 다니다가 얼마 남지 않은 생수를 마시고 하나 더 산다. 이제 B가 갈증이 난다. B가 A에게 물을 달라고 할 때 A는 생각하게 된다. '내 돈 내서 내가 산 물을 내가 들고 다니고 저들은 아무 노력도 없이 편하게 마시기만 하는구나.' 당연히 짜증이 난다.

이 사건에 누구도 악의나 이기적인 마음은 없다. 그러나 A는 불편하고 섭섭하다. 아이스크림도 마찬가지다. 먹고 싶은데 섣불리 사 먹지 못한다. 혼자 먹을 순 없기 때문이다. 그렇다고 일행들에게 다 사주긴 부담스럽다. 그래서 이탈리아(Italia)를 여행하는 동안 젤라토(gelato) 한번 맘 편하게 못 먹었다는 사람들도 있다. 우스갯소리로 들릴 수 있지만 의외로 이런 경우가 많다.

좋은 해결책은 여기에 있다. 바로 함께 쓸 수 있는 돈을 미리 모으는 것이다. 이렇게 공금을 준비하는 간단한 방법으로 불편한 상황을 예방할 수 있다. 출발하기 전에 공동경비를 걷어서 생수나 아이스크림 같은 자잘한 일에 돈을 쓰도록 한다. 그러다가 공금이 바닥나면 다시 걷어서 쓰면 좋다.


## 선물이 되는 자유 여행

준비자가 자발적으로 희생과 봉사를 기꺼이 하는 경우의 자유 여행도 있다. 예를 들면 부모님을 모시고 가는 자유 여행이다. 사랑하는 부모님들께 정말 멋진 여행을 선물해주고 싶은 자녀가 기꺼이 준비와 진행의 짐을 지는 여행이다. 또는 아이들과 함께 가는 자유 여행이다. 아이들의 배움과 성장을 위해 사랑과 희생으로 부모가 부담을 떠안는 여행이다. 이런 경우 대접받는 사람은 자유롭고 편안한 여행을 누리게 된다. 마치 패키지여행을 개인 가이드 서비스를 받으며 하는 것과 같다. 하지만 엄밀히 말하면 준비자에게 이번 여행은 여행이 아니다. 직장 상사나 고객을 모시고 해외 출장을 다녀오는 것과 같다. 그래서 준비하는 사람은 출장자의 마음으로 준비하는 것이 좋다. 그래야 마음이라도 편하다.

부모님을 모시고 가는 여행의 준비 과정을 알아보자. 우선 부모님이 생각하는 자유 여행은 내가 생각하는 것과는 전혀 다르다. 이것을 염두에 두고 준비하자. 부모님은 하고 싶은 것, 먹고 싶은 것, 보고 싶은 것을 마음대로 할 수 있게 해주는 여행을 기대하고 있다. 그리고 그것을 알아서 해줄, 세상에서 제일 편한 전용 가이드가 동행하는 패키지로 생각할 가능성이 매우 크다. 그러니 가이드가 손님에게 설명하는 것처럼 여행 조건을 분명하게 안내해야 한다. '당연히 아시겠지?' 하는 안일한 태도는 불만과 불편의 원인이 된다. 그리고 부모님이 원하는 것이 무엇인지 상세하고 구체적으로 확인해야 한다.

아마도 내 생각과 전혀 다른 답을 듣고 놀라게 될 것이다. 마음의 준비 없이 효심만으로 출발한 자유 효도 관광을 다녀와서 후회하는 분들을 많이 봤다. 준비부터 끝까지 수시로 성실한 소통을 한다면 모두에게 행복한 여행이 될 수 있다. 마지막으로 하고 싶은 말은 내가 원하는 것과 하고 싶은 것은 못할 수 있다고 생각하고 내려놓으라는 것이다. 그게 마음 편하다. 어차피 선물로 드리려고 준비한 여행이다. 후회 없이 누리실 수 있도록 해드리자.

## 패키지여행을 선택한다면

패키지여행을 선택한다면 일정표를 읽을 수 있어야 한다. 패키지여행의 일정표를 보면 설명과 사진 자료가 많은데도 무슨 말인지 헷갈리는 경우가 많다. 보험약관을 읽는 듯한 느낌이 들기도 한다. 아마도 가보지 않은 곳을 사진 몇 장과 글로 이해해야 한다는 한계성 때문인 듯하다. 그러면 최소한 패키지여행 상품 선택에서 엉뚱한 선택을 하지 않기 위한 피해야 할 유의 사항은 어떤 것들이 있는지 알아보자. 첫 번째, 만약 A패키지와 B패키지의 기간이 같다면 방문 도시가 많은 것은 피한다. 많은 곳을 방문한다고 본전 뽑는 게 아니다. 잘못 선택하면 본전이 아니라 등골을 뽑힌다. 참고로 여행 기간이 길다면 여행 원가는 여러 군데 방문하는 것과는 크게 관계없다.

두 번째, 보는 것이 많은 빡빡한 일정은 피한다. 수박 겉핥기에 헛바늘만 돈다. 특히 'ㅇㅇ차창 관광' 이런 건 그냥 미끼 일정이다. 세 번째, 가급적 숙소가 확정된 상품을 선택하면 좋다. 그러나 대부분 '미정' 또는 '출발 ㅇ일 전 확정' 이런 문구를 보게 될 것이다. 그런 경우는 수익성에 따라 숙소가 다르게 선정되거나 숙소를 미리 확정 공지하면 판매가 불리해지기 때문인 경우가 있다. 즉 좋은 곳이 아니라는 말이다. 숙박 호텔이 시내 외곽이거나 먼 곳에 위치한 곳일 확률이 높다. 이런 곳에 숙박하게 된다면 당연히 시간을 낭비하게 되고 일정을 마친 후 자유 시간에 할 수 있는 일이 없다.

네 번째, 가이드가 누군지, 평가는 어떤지 꼭 확인하자. 패키지여행의 만족 여부는 가이드에게 달렸다고 해도 과언이 아니다. "안 좋은 호텔, 입맛에 안 맞는 먹거리는 참을 수 있어도 가이드가 불친절하고 예의 없는 건 못 참는다"라고 하는 분들이 많다. 가이드가 어떤 사람이고 그 사람에 대한 후기는 어떤지 꼭 확인하자.

## 짐이 짐이 되지 않도록

여행 가방은 작을수록 좋다. 그러니 갖고 갈까, 말까 망설여지는 짐은 놓고 가라. 망설임은 대부분 '필요해지면 어쩌지?' 하는 걱정에서 생긴다. 그런 건 갖고 가면 '짐'만 된다. 극단적으로 말한다면 건강한 몸과 마음, 강한 멘털 그리고 여권과 카드만 있으면 된다. 그 외의 것들은 여행 갔을 때 시간과 돈을 절약하는 용도로 사용되는 것이다. 대부분 시간이 넉넉하고 돈을 충분히 여유 있게 갖고 가는 여행이라면 안 갖고 가도 되는 것들이다. 필요하면 여행 중에 사면 된다.

심지어는 그렇게 구매한 물건이 의미 있는 기념품이 되기도 한다. 오히려 가지고 가서 돌아올 때 가지고 오지 않아도 될 것을 챙겨라. 열차에서 우연히 만난 옆자리 현지인에게 인사하면서 줄 간단한 선물이나 민박집 주인 등 인연을 맺게 될 분들을 위한 김. 라면 등의 선물 말이다. 물건에는 저마다 이야기가 담겨 있다. 망설이며 챙긴 물건엔 걱정도 함께 가방에 들어간다. 선물로 준비한 물건에는 즐거운 기대와 희망이 담기게 된다.

때때로 여행 중에 만난 아름다운 순간들을 기념할 물건을 사고 싶은 마음이 생긴다. 그렇게 구매한 물건들에는 잊지 못할 이야기가 물건에 묻어있게 된다. 그런 이야기를 담을 수 있게 가방에 여유를 만들어두자. 그런 방법의 하나로 출발할 때 갖고 가서 여행 중에 소비해야 하는 것들을 가방에 넣어가면 좋다.

# 2장

# 나만의 특별한
# 여행을 만드는
# 기준과 요령

# 나를 위한 여행은
# 스스로 만들어야 한다

나만의 여행을 갖고 싶은 당연한 욕심

옷을 살 때 우리는 나에게 어울리는가? 원단은 어떤 것을 썼는가? 착용감이 좋고 편한가? 가격은 적당한가? 치수는 내 몸에 맞는가? 등 많은 사항을 고려해서 구매한다. 이렇게 어렵게 구매한 옷을 기분 좋게 입고 거리로 나섰는데 똑같은 옷을 입은 사람을 보게 된다면 들뜬 마음은 간 곳 없고 속상함이 밀려올 것이다.

여행도 마찬가지다. 오랜만에 만난 친구들에게 얼마 전에 다녀온 프랑스 이야기를 들려주고 있는데 한 친구가 "아, 거기 갔다 왔구나? 난 작년에 갔다 왔는데", "파리 너무 좋지? 나도 또 가고 싶어진다" 하면서 자기 여행담을 늘어놓는데 내가 다녀온 여행과 별반 다른 점이 없다면 내 여행은 바야흐로 누구나 다녀오는 식상한 여행으로 전락하게 된다. 그렇게 나를 행복하게 해주던 여행이 갑작스럽게 나를 속상하게 하는 원인으로 돌변할 수도 있는 것이다.

그런데 만약 그 자리에서 자신만의 특별한 경험이나 앎을 말할 수 있다면, 그럴 수만 있다면 내 여행은 모두가 부러워할 나만의 여행으로 업그레이드가 될 것이다. 이런 이유 때문인지는 모르겠지만 대부분 여유 있는 사람들이나 여행을 자주 다니는 사람들은 남들 안 가본 곳을 선호하는 경향이 있다. 그것이 사실이든 아니든 남과 다른 나만의 여행을 갖고 싶은 것은 누구나 같은 생각일 것이다.

## 나만의 여행은 나만 만들 수 있다

다른 사람의 여행을 따라 한다면 그와 같은 여행이 될 것이다. 당연한 결과로 나만의 여행이 되기는 어려울 것이다. 나만의 여행은 나만 만들 수 있다. 그렇다고 출발부터 도착까지 전 일정이 남과 다를 필요는 없다. 그리고 현실적으로 그렇게 할 수 없다는 것도 우리는 알고 있다. 그저 조금 다른 생각과 색다른 느낌 정도가 출발점이다. 그리고 그 출발점은 이 세상에서 유일무이한 존재인 나, 바로 그 나로부터 시작되면 되는 것이다.

간단한 예로 나만의 시간 사용법을 생각해보자. 만약 로마를 여름에 여행한다면 한낮의 뜨거운 볕과 돌로 된 길바닥에서 올라오는 열기에 힘든 표정과 지친 몸을 이끌고 그야말로 꾸역꾸역 다니는 여행객들을 볼 수 있다. 이때 시간을 달리 사용하는 방법을 생각해볼 수 있다. 꼭 낮에만 다닐 필요가 있나? 난 분명히 즐겁고 행복한 이탈리아 여행을 원했는데, 이렇게 뜨거운 열기 속에서는 로마를 즐기기는 고사하고 행군하는 군인이 된 것 같은 느낌이 든다면, 남들과 다른 생각을 해보자. 그것이 바로 나만의 여행을 만드는 출발점이다.

이렇게 해보자. 한낮에는 더위를 피해 쉬고 9시까지 환한 긴 저녁 시간을 활용해보자. 낮에는 스페인광장(Piazza di Spagna) 인근의 카페에서 차를 마시며 사진도 정리하고, 여유롭게 오고 가는 관광객들의 다양한 표정을 보고 있노라면 여행의 바다에서 행복 가득한 한때를 즐기는 나를 느낄 수 있을 것이다. 그러면 보고 싶은 것들을 다 볼 수 없지 않냐고? 유럽의 여름은 해가 길다. 거기에다 서머타임(여름에 긴 낮 시간을 효과적으로 이용하기 위하여 표준 시간보다 시각을 앞당기는 시간)까지 적용하고 있다. 본격적인 관광은 한낮의 열기가 지나간 오후 5시 이후부터 즐겨도 충분하다. 심지어 트레비 분수(Trevi Fountain)의 경우는 야경이 더 멋지다. 오전 시간에는 운영 시간이 있는 관광지를 먼저 보고 오후에 휴식 시간을 갖는다면 회복된 체력으로 저녁 시간을 충분히 즐기는 나만의 여행을 할 수 있게 된다. 혹시 시내에서 가까운 곳에서 숙박한다면 더없이 좋은 오후를 보낼 수 있음을 참고하자. 야외 풀이 있는 곳이라면 더욱 좋으리라.

만약 반자유 여행이라면 대부분의 일정이 다음과 같을 것이다. 오전에 가이드의 설명을 들으면서 모든 멤버가 볼 만한 랜드마크를 구경하고 오후 시간은 자유롭게 운영하는 형태가 될 것이다. 이때 오후 자유 시간을 틀에 박힌 사고에서 벗어나 내가 하고 싶은 것을 나답게 할 수 있는 다양한 방법을 생각한다면 새롭고 남다른 경험을 할 수 있을 것이다. 예를 들면 "런던(London)에 왔는데 뮤지컬 한 편 정도는 봐줘야 하는 거 아냐?", "오늘은 하이델베르크(Heidelberg) 고성에서 오페라 공연을 보자", "피렌체(Firenze)에서는 평생 함께할 나만의 가방을 하나 장만해보자", "파리에서는 근사한 레스토랑에서 추천하는 요리와 와인을 즐겨보자", "암스테르담(Amsterdam)에서는 주말에 시장에

나가 어슬렁거리며 흥정을 해보자" 등 나의 취향에 맞는 또는 평상시에 해보고 싶었던 이런저런 이야기들을 만들어보자.

## 패키지여행에서 나만의 여행을 만들 수 있을까?

일정에 맞춰 단체로 움직이는 대부분의 패키지여행 특성상 나만의 여행을 만든다는 것은 쉬운 일이 아닐 수 있다. 그러나 그럴수록 나만의 추억 하나쯤 갖고 싶은 것이 여행자의 욕심이다. 영국의 총리였던 윈스턴 처칠(Winston Churchill)의 유명한 연설이 생각난다. "절대로 포기하지 말라." 그렇다. 예수님도 말씀하셨다. "구하라. 그리하면 너희에게 줄 것이요, 찾으라. 그리하면 찾아낼 것이오." 그럼 한번 찾아보자. 동남아 여행을 다니다 보면 물놀이 일정이 있는 경우가 많은데 막상 적극적으로 즐기는 사람들이 많지 않다. 궁금해서 물어보니 다른 사람들의 시선을 의식해서인 경우가 가장 많았다. 그러고 보니 해수욕장에서 래시가드를 입고 있는 사람들은 대부분 한국인이었다. 남을 많이 의식하는 민족성 때문인지는 모르겠지만, 정작 야자수가 있는 멋진 수영장을 즐기지 못하고 기념사진 정도나 간직하다니 참으로 안타깝지 않을 수 없다.

그렇다면 남들이 안 보는 밤에 수영하는 건 어떨까? 그리고 그 방법을 찾으려고 노력할 수 있는 것은 나를 위해 나만의 여행을 해보기로 결심한 그 마음이 나에게 주는 선물이 될 것이다. 그런데 말이 쉽지, 일정이 끝나고 숙소에 돌아오면 이미 호텔 수영장은 사용 시간이 끝났는데 어떻게 하느냐고? 당연한 의문이다. 이렇게 현실의 벽에 부딪혀서 하고 싶은 것을 하지 못하는 경험을 우리는 일상생활에서 정말 많이 겪어왔다. 그러니 더더욱 여행에서만큼은 방법을 찾아보자. 사실 언제나 길은 있다. 단지 보지 못할 뿐이다.

그럼 어떤 방법이 있는지 알아보자. 우선 쉬운 방법으로 상품 선정 과정에서 할 수 있는 일이 있다. 야간 수영이 가능한 숙소가 있는 여행 상품을 선택하는 방법이다. 동남아 지역의 호텔 중에는 투숙객들을 위해 늦게까지 수영장을 개방하는 곳이 꽤 있다. 혹시 출발 전에 미처 확인하지 못했다고 포기하지 말자. 수영장 마감 시간이 임박했더라도 과감히 이용하는 방법도 있다. 대부분 호텔은 투숙객에게 야박하게 하지 않으려 한다. 그러니 호텔 측에 사전 양해를 구하고 떳떳하고 조용하게 즐기는 방법도 가능하다. 이럴 때는 작은 선물로 약간의 팁을 주는 것도 괜찮다.

간혹 야외 수영장을 이용 시간이 끝난 이후 어둠을 이용해 몰래 이용하는 사람들도 있다. 그들은 다음날 완전범죄로 여기며 짜릿함으로 더 즐거운 수영을 즐겼다고 자랑한다. 하지만 대개 보안요원들은 알고 있다. 단지 위험해 보이지 않고 조용한 수영을 즐기고 있기에 지켜보고 제재하지 않은 것이다. 이것은 단지 하나의 사례. 간단한 사례 하나로 모든 것을 말할 수는 없지만 나만의 여행을 즐기고 싶다면 여행자답게 열린 마음으로 받아들이면 길이 보일 것이다. 찾으라. 그리하면 찾아질 것이다.


여행은 안전한 연습장이다

우리는 실패에 대해 지나칠 정도로 두려워하는 경향이 있다. 그리고 많은 사람이 삶에 대한 진정한 만족이 없고, 해결되지 않는 깊은 아쉬움을 갖고 살아간다. 어쩌면 불안과 두려움 때문에 스스로 삶의 주인으로 살아가지 못하는 것은 아닐까? 왜 우리는 스스로 삶의 주인이라는 권리를 주장하지 않고 살게 되었는가? 실패에 대한 두려움, 실패로 인하여 잃게 될 것들에 대한 걱정이 중요한 원인일 것이다. 그렇게 실패를 피하는 안전한 삶을 살아온 오랜 시간이 지금의 우리에게 포기를 당연한 것으로 생각하며 살게 한 것일 수도 있다.

그러나 여행은 어떤가? 여행에서의 실패는 무엇을 대가로 요구하는가? 고작 여행에 관한 불만이다. 여행만큼은 실패해도 다시 일상으로 돌아가는 것이 가능하다. 그렇다. 안전한 도전을 할 수 있는 기회의 장소다. 안전과 관련된 중요한 몇 가지만 지킨다면 대부분은 '기분 나쁘다' 정도가 실패에 대해 지불해야 할 대가인 것이다. 만일 잠깐이라도 내 삶에 진정한 주인으로 살아보고 싶다면 여행만큼 좋은 기회는 없다. 그것이 바로 여행이 주는 최고의 선물 중 하나다. 그러니 이것저것 재고 따지기보다는 마음의 소리에 귀 기울이고 내가 진정 원하는 것에 도전하는 여행을 해보기를 바란다.

## 만족과 불만족을
## 좌우하는 세 가지 요인

### '어디를 갈 것인가?'는 첫 번째가 아니다

누구나 행복한 여행을 원한다. 행복한 여행은 어느 정도의 만족을
전제로 한다. 불만스러운 행복이란 있을 수 없기 때문이다. 그런데 만
족이라는 것이 지극히 주관적인 반응이기에 어떻게 해야 만족하는지
또는 어떤 조건에서 왜 만족하는지를 아는 것은 쉬운 일이 아니다.

그래서일까? '여행자의 만족에 영향을 주는 중요한 요인은 무엇인
가'를 연구한 학자들이 있었다. 그들의 연구 결과에 따르면 많은 사람
이 공통으로 중요한 요인이라고 생각한 세 가지 요인이 있다. 그 요인
들이 무엇이고, 여행자의 만족에 왜 그렇게 영향을 주었는지 생각해
본다면 나의 여행을 조금 더 행복한 여행으로 만들 수 있으리라 생각
한다.

많은 사람이 생각하는 만족 요인 중에 세 번째 중요한 요인은 '어디
를 가느냐'다. "어? 이게 첫 번째 아냐?"라고 생각하는 사람들도 꽤 있
을 것이다. 그러나 조금만 생각해보면 알 수 있다. 일반적으로 맛있는

음식보다 편안한 분위기로 즐길 수 있는 한 끼 식사가 우리를 더 행복하게 한다. 아울러 싫은 사람과 함께하거나 불편한 자리에서는 맛있는 음식도 행복을 줄 수 없다는 걸 알고 있다.

그렇다면 어디로 여행을 가야 만족할까? 개인적인 취향에 따라 다르겠지만 공통적인 답은 멀리 갈수록 만족도가 높아진다는 것이다. 멀리 갈수록 만족하는 것은 여행의 속성이 떠남에 있기 때문이다. 이미 말했듯이 물리적 공간에서 멀리 떠나는 것뿐만 아니라 문화적인 이질감도 많이 느낄 수 있는 여행 장소가 '일상으로부터 더 멀리 떠남'을 느끼게 하고 그로 인해 만족감이 높아진다. 예를 들어 젊은 사람들일수록 휴양지를 선호하는 이유도 마찬가지다. 내 맘대로 되지 않는 현실, 지시받고 보고하는 일상, 무언가를 하고 성과를 내야만 하는 나날 등에서 떠나고 싶어 하는 것이야말로 행복을 추구하는 본능적 선택이 아닐까?

## 누구와 가느냐?

누구와 가느냐가 두 번째로 중요한 요인으로 꼽힌다. 그렇다. 결국 사람은 사람에게서 가장 큰 영향을 받게 되는 것이다. 그리고 함께 여행을 가고자 하는 사람을 선택하는 이유 중 하나는 바로 사랑이다. 사랑은 배려의 마음을 적절히 표현하는 것과 올바른 소통으로 시작된다. 그래서 소통이 잘되는 사람, 편한 사람이 좋은 일행으로 느껴지고, 불편하고 소통이 어려운 사람과는 함께 여행하고 싶지 않은 것은 어쩌면 당연하다.

그리고 집을 떠나 해외로 가기 전에 나를 아는 여행을 먼저 해야 하는 것처럼 일행과 함께하는 여행에서는 일행이 또 다른 출발점이 된다. 그러니 우선 일행에게 집중해야 한다. 일행을 또 하나의 나처럼 여기고 상대에 관심을 두는 것이 우선시 되어야 한다. 결국 일행이 있는 여행에서는 함께 즐길 수 있는 여행지를 선택해야 한다.

그렇다면 첫 번째는?

이제 여행의 만족 요인에서 당당히 1위를 거머쥔 날씨에 대해 이야기해보자. 날씨는 우리의 즐거움을 거머쥐었다고 표현해야 좋을 정도로 그야말로 지대한 영향을 미치는 것임에 틀림없다. 오죽하면 뉴스프로에서 가장 시청률이 높은 코너가 일기예보 시간이겠는가.

그렇다면 지혜로운 날씨 사용 방법은 무엇일까? 일단 여행은 다름을 경험하는 것과 일상으로부터의 떠남이 주는 약간의 긴장감이 즐거움이 된다는 것을 기억하자. 그래서 역시나, 매일 경험하는 일상의 날씨와 다른 것을 선호하게 된다. 그러니까 여름에는 시원한 곳을, 겨울에는 따뜻한 곳을 선호한다. 여름에도 바닷가를 찾는다고? 맞는 말이다. 시원한 바닷가를 찾는다. 뜨거운 햇살이 가득한 바다를 우리 감정은 확 트인 가슴 시원한 곳으로 기억하고 있기에 여름에 바다를 가고 싶어 한다. 햇빛이 쨍쨍하고 벌레로 성가신 해변이었지만 자유롭고 꺼릴 것 없었던 밤바다를 시원한 유쾌함으로 추억하고 있기 때문이다. 그런데 만약 여행 중에 원하지 않은 날씨를 만났을 때는 어떻게하면 좋을까?

몇 년 전 가족들과 겨울에 이탈리아 일주 여행을 하던 중에 비를 만났던 일이 생각난다. 유럽은 겨울이 우기라서 비가 많이 온다. 모르는 사람들은 겨울에 춥고 해가 짧아서 여행하기 불편하다 정도로 생각하는데 유럽은 겨울철이 우기라는 것을 대비하고 가야 한다. 그러나 설 연휴 때가 여행하기 가장 좋은 시기인 우리 가족은 선택의 여지가 없었다. 정말 평생에 맞을 비를 다 맞아본 것 같다.

하필이면 미로를 헤매며 숙소를 찾아야 하는 베네치아(Venezia)에서 비를 만났다. 늦은 밤에 도착한 첫날부터 떠날 때까지 우리나라의 장마 같은 비를 만났다. 베네치아를 다녀온 사람이라면 이 말이 어떤 의미인지를 알 것이다. 차가 다닐 수 없는 좁은 골목과 돌다리 계단이 거미줄처럼 복잡하게 이어져 있는 베네치아는 지도를 보고도 길을 찾기가 어려운 곳이다. 이런 곳을 장대비가 내리는 한밤중에 큰 가방을 들고 이 골목 저 골목을 헤매다 이 집인가? 하고 문패의 주소를 확인하면 갑자기 느닷없는 번지수가 나타나곤 했다. 요즘 말로 '빡치는' 베네치아의 비에 젖은 첫날 밤은 가족 모두가 오래도록 기억할 아름다운 추억이 되었다. 아름다운 추억이 아니라 끔찍한 기억이 될 가능성도 컸지만 우리는 아름다운 추억이 되는 길을 선택했다.

그럴 수 있었던 것은 우리가 지금 여행 중이라는 것을 잊지 않았기에 가능한 일이었다고 생각한다. 떠남과 의외의 상황을 즐기고 아름다움으로 추억하기 위해 기꺼이 안전하고 예측 가능한 일상을 떠나온 것이다. "아빠가 여러 번 베네치아에 왔지만 이런 비를 만난 것은 처음이다. 정말 굉장했어. 그리고 모두 잘해줘서 고맙다." 가방은 물론이고 속옷까지 흠뻑 젖었고 차가운 겨울비에 몸이 으슬으슬하여 "오늘은 아무래도 와인 한잔해야겠네"라며 이야기 자리를 만든 그날 밤을 어찌 잊을 수 있겠는가.

우리가 여행서를 읽고 경험자의 여행담을 참고하는 이유는 여행을 잘하기 위함이다. 여행을 잘한다는 것은 무엇일까? 가성비? 편안함? 럭셔리? 아니, 여행은 오랫동안 꿈꿔왔던 일을 아름다운 추억으로 기억할 수 있는 경험을 하려는 도전이 아닐까? 어쩌면 날씨는 나에게 진정한 떠남을 요구하는 것인지도 모른다. 원하지 않은 상황을 극복할 수도 없을 때 그때가 바로 나로부터, 나의 기호 또는 편견으로부터 떠나 있는 그대로를 즐길 수 있는 절호의 기회가 주어진 때가 아닐까? 누가 알겠는가? 우리는 지금 여행 중이다.

# 여행은 숙제가
# 아니다

"혹시, 책을 쓰시려는 건가요?"

가끔 노트와 펜을 항상 들고 다니면서 꼼꼼하게 확인하고 모든 것을 메모하는 여행자를 보게 된다. 여행 내내 그의 모든 것은 펜과 노트를 통한 메모에 집중되어 있다. 마치 취재기자나 대작을 준비하는 작가와 같다. 오래전에 자신의 여행 기록을 자랑처럼 보여주며 설명하는 분과 이야기를 나눈 적이 있다. 작은 글씨로 빼곡하게 적어서 꽉 채운 메모장을 보여주며 여행할 때마다 이렇게 노트 한 권은 채운다고 했다. 그리고 그날 나는 많은 이야기를 들었지만 기억에 남아 있는 게 없다. 다만 오랜 시간 강의 같은 자랑을 들으며 한 가지 질문만이 맴돌았다.

그때 묻지 못한 질문은 "혹시, 책을 쓰시려는 건가요?"다. 아직도 책을 출판했다는 소식은 듣지 못했다. 지나치면 부족함만 못하다는 말이 있다. 책을 내거나 메모가 필요한 다른 이유가 있지 않다면, 메모뿐 아니라 다른 것도 마찬가지로 여행의 즐거움에 방해가 되지 않도록 자제하거나 차라리 하지 않는 것이 좋다. 혹시 메모를 통해 다음 여행을 위한 준비 자료로 사용하거나 주위에 도움을 주려 하는 것이라면 다음과 같은 생각을 한번 해보기를 바란다. 내가 만든 자료가 전문가들이 만들어놓은 것보다 좋을까? 다른 여행자들보다 뛰어난 여행 정보를 줄 수 있을까?

그렇다고 메모 자체를 전혀 필요 없는 일이라고 말하려는 건 아니다. 단지 여행의 즐거움에 방해되는 정도가 되지 않도록 지혜로운 태도를 잃지 않는 것이 우선이어야 한다고 말하고 싶다. 여행의 최고 목적은 행복이다. 그 외의 것들에 지나치게 되면, 어쩌면 솔로몬이 말한 바람을 잡으려는 것과 같이 부질없는 노력이 될 수 있다.

> 내가 해 아래에서 행하는 모든 일을 보았노라 보라 모두 다 헛되어 바람을 잡으려는 것이로다
>
> – 전도서 1장 14절, 《성경》.

## 여행의 즐거움을 제대로 누리는 방법은 무엇인가?

여행의 즐거움은 떠남에 기인한다. 그런데 떠나는 것은 왜 우리에게 즐거움을 주는 걸까? 쉽지 않은 질문이다. 정확한 답은 모르겠다. 다행히 단초가 될 만한 이야기를 알고 있다. 미국의 한 명문대학 교수가 집필한 정신분석에 관한 논문에 다음과 같은 내용이 있다.

정신분석학적으로 볼 때 사람은 누구나 정신병을 앓고 있으며 그 단계를 7단계로 구분할 수 있다고 한다. 쉽게 말하면 신생아 시절을 지나서 꿈을 꾸기 시작하는 1단계부터 시작하여 사람은 조금씩 미쳐

간다고 한다. 4단계부터는 치료받아야 하는 상태가 된다고 한다. 그런데 여기서 재미있는 것은 여행자의 정신상태가 4단계 초기와 같아진다는 것이다. 그리고 이와 비슷한 상태가 바로 만취한 사람의 정신상태라고 한다.

어느 초등학교 시험에 이런 문제가 있었다. 길거리에서 큰소리로 소리 지르거나 노래를 부르는 행위를 사자성어로 무엇이라 하는가? 답은 물론 '고성방가'다. 그런데 한 학생이 이런 답을 적었다. '아빠인가' 아마도 아빠가 애주가이신 듯하다. 사람들이 술을 마시고 취하게 되면 평상시에는 하지 않았던 행동을 부끄럼 없이 하게 되고 다음 날 깨어나서 후회하는 경우가 많다. 그러면 도대체 술을 처음 마시는 것도 아닌데 왜 후회할 것을 알면서도 마시는 걸까? 그것도 취하도록 말이다. 심지어 취하고 후회하고를 반복한다.

아마도 후회할 일을 하게 되고 머리도 아프고 속도 불편하고 돈을 낭비하게 되더라도 무언가 얻는 것이 있기 때문이 아닐까? 그 무언가는 아마도 정신적인 것이리라. 술에 취해서 생각나는 대로 말하고 행동함으로써 얻는 카타르시스 같은 것일 수도 있고, 실제로 아무것도 해결된 것이 없어도 잠시라도 문제와 고민에서 벗어나 마음의 평화를 얻는 것일 수도 있다.

그리고 술 취한 사람과 같은 단계가 되는 여행자의 정신상태도 이와 크게 다르지 않으리라 생각한다. 결국 나를 얽매거나 옥죄고 있는 모든 것으로부터 벗어나 자유로운 상태로 말하고 행동하고 즐기는 것에서 위안과 힘을 얻는 것이다. 그리고 술에 비하여 여행은 그런 즐거움의 시간이 길고 비교적 다른 사람들에게 피해를 주지 않는다는 장점이 있다. 그러니 여행을 즐기는 방법을 환경이나 조건에서 찾을 필요가 없다. 답은 나에게 있다. 외적인 것에 치중하지 말고 온전히 나의 건전한 욕망에 충실하고, 내면의 소리에 귀를 기울이라고 말하고 싶다.

# 소소하지만 준비하면
# 좋은 유용한 것들

백 마디 말보다 값진 것이란?

감동이란 건 그럴듯한 백 마디 말보다 서툰 배려 하나에 묻어온다. 여행하다 보면 '지금 이 순간에 ○○가(이) 있었으면 정말 좋았겠다'. 혹은 '○○를 갖고 올걸' 하는 생각이 들게 하는 것들이 있다. 대개는 별것 아닌 작은 것들이지만 대체할 만한 것이 없고 요긴하게 쓰일 물건들인 경우가 많다. 어떤 것들이 어떻게 쓰일 수 있나 알아보자.

작은 선물을 준비하라

여행을 다니다 보면 이래저래 도움을 청하고 받는 경우가 생긴다. 여행이란 것이 낯선 곳에서 모르는 사람들과 익숙하지 않은 경험을 하는 것이기 때문이리라. 고마운 도움을 받고 말로만 '땡큐'라고 하기엔 뭔가 아쉬울 때가 있다. 그때 혹시 선물이 될 만한 작은 소품이 있으면 좋다. 작은 선물과 함께 주고받는 미소가 받는 사람도 주는 나도 조금 더 행복하게 만들어준다. 그리고 추억과 이야기가 된다.

74

체코의 체스키크룸로프(Cesky Krumlov)에서 가족 여행 중 머물던 민박집을 떠나며 한국 동전 세트를 선물했다. 그때 함께 나누던 미소 띤 인사를 아직도 잊지 못한다. 그리고 하와이(Hawaii)의 고급호텔 더 카할라 호텔 앤 리조트(The Kahala Hotel and Resort)의 연회 담당 매니저와 직원들의 친절한 수고에 감사하며 선물로 준 컵라면 또한 나에게 큰 행복을 주었다. 신라면을 받아 들고 활짝 웃으며 "땡큐" 하는 그 목소리가 여행 내내 얻은 어떤 경험보다 행복한 추억이 되었다.

이렇듯 행복을 불러오는 선물은 소소하고 한국적인 것이 좋다. 동전 세트는 한국은행에서 운영하는 화폐박물관에서 판매한다. 영어 설명서도 포함되어 있다. 컵라면 외에 김, 화장품 샘플, 스타킹 같은 것도 인기다. 김은 조미한 구운 김이 좋다.

## 간식거리가 주는 기쁨

여행 중에는 평상시보다 많이 먹게 된다. 그도 그럴 것이 소화도 잘되고 쉬 배가 고파진다. 그리고 유럽이나 미주로 여행을 떠나서 며칠 지나면 한식, 특히 매운맛이 그리워진다. 딱히 '꼭 먹어야 한다'까지는 아닌데 은근히 당기면서 시간이 지나갈수록 슬슬 짜증이 밀려온다. 한국에서도 짜증이 나면 매운 것이 당기는 이치 때문일까? 어쨌든 하다못해 튜브형 고추장이라도 있다면 도움이 된다.

그 외에 인기 있는 반찬거리로는 깻잎통조림, 김, 볶음김치 등이 있다. 통조림으로 준비하길 바란다. 100년 비법으로 직접 만든 손맛 고추장, 김치 등은 곤란하다. 기내에서 발효되어 여는 순간 '펑' 하고 사방에 빨간 꽃이 피고 청소 비용으로 여행비를 탕진하게 된다. 그 외에 버스로 이동하는 중에 지루함을 달래줄 사탕이나 초콜릿류도 유용하다. '여행 가서는 그 나라 음식을 먹어야지' 하면서 하나도 준비하지 않은 사람도 나눠주면 고맙게 받아먹는다.

또 여행을 하다 보면 야식을 먹는 경우가 많다. 이때 야식 거리가 준비된 팀과 그렇지 않은 팀은 분위기가 다르다. 과일이나 음료는 현지에서 구하는 것이 좋다. 그리고 이렇게 호텔이나 수영장에서 먹으면서 놀 때 준비하면 좋은 것이 있다. 과일이나 간식을 먹을 도구다. 휴대용 칼과 테이블 매트 그리고 일회용 컵과 접시가 요긴하게 쓰인다. 대부분 호텔은 안전 때문에 칼을 제공하지 않는다. 테이블 매트는 컵라면 먹을 때 흘림을 걱정하지 않고 먹을 수 있어서 좋다. 컵은 각자 세면대에 있는 것을 갖고 모여서 사용해도 되는데 여러 가지로 번거로우므로 일회용을 준비해두면 편리하다.


## 마음을 움직일 소소한 준비물

호텔 수영장을 이용하거나 바닷가 일정이 있다면 물놀이용품과 아쿠아 신발을 비치 가방에 넣어갈 수 있도록 준비하면 좋다. 호텔에 슬리퍼가 있기도 하지만 미끄러울 수 있다. 스노클링 장비는 신제품 중에 호스를 물지 않고 얼굴 전체를 씌워주는 제품이 좋다. '아', '이', '우' 하는 호스를 입에 무는 교육을 안 받아도 된다. 특히 아이들이 좋아할 것이다.

혹시 배를 타는 일정이 있다면 멀미약을 챙겨가자. 참고로 아이들은 멀미약을 먹으면 졸리거나 힘들어해서 못 먹는 경우가 있다. 그럴 때는 인삼이나 밤을 먹으면 멀미 방지 효과를 볼 수 있다. 아무것도 준비 못 한 상태에서 배에 탔고 멀미가 시작되려 한다면 큰소리로 노래를 해보자. 멀미가 가라앉는 효과가 있다. 여름 나라로 여행할 때는 벌레퇴치제 하나 정도는 갖고 가자.

그리고 별건 아니지만 좋아하는 음악을 다운 받아 블루투스 스피커를 갖고 가면 좋다. 별빛 쏟아지는 바닷가나 호텔 수영장에서 음악을 듣는 것도 여행 중에 누릴 만한 낭만적인 행복이다. 연인과 함께라면 상대가 좋아하는 곡도 준비하자. 사실 이런 것들은 없어도 되는 준비물들이다. 그러나 있으면 행복해지는 것들이다. 이렇게 작고 소소한 것들이 우리의 마음을 움직인다. 여행도 인생도 작은 것에 마음이 담긴다.

## 가족 여행,
## 그 특별한 선물

### 아이들은 부모 몰래 자란다

누구나 행복을 추구한다. 그리고 그 행복을 가족들과 함께 누리고 싶어 한다. 그런데 행복할 조건을 갖추기 위해 열심히 하루하루를 살다 보면 현실에서 그 행복을 가족과 함께 누릴 수 있는 것은 극히 적은 시간만 허락될 뿐이다. 그뿐만 아니라 가족과 함께하는 그 시간조차 즐겁고 행복한 대화를 많이 나누지 못하고 잔소리 같은 걱정을 하게 되는 것은 사랑하는 가족과 함께하는 시간이 늘 부족하기 때문이다. 그리고 "사랑한다", "당신이 행복하기를 진심으로 원한다"는 감정 표현은 생략하고 결론부터 말하기 때문이기도 하다.

아이들은 이런저런 이유로 부모가 말하는 것은 언제나 꾸중이나 잔소리라고 생각하게 되어 마음의 문을 조금씩 닫게 된다. 그리고 아이들이 고등학생이 되면 그나마 짧은 대화도 하기가 어려워진다. 그렇게 아이들은 부모 몰래 자란다.

## 가족 여행이 왜 필요할까?

우리는 다른 사람에게 기쁨의 대상이 되고 싶어 한다. 특히 내가 소중하게 여기는 가족들에게는 더욱 그렇다. 그런데 어떤 사람은 문을 열고 들어올 때 기쁨을 주고 어떤 사람은 나갈 때 기쁨을 준다고 한다. 누구라도 가족에게만큼은 들어올 때 기쁨을 주는 사람이 되고 싶을 텐데, 애석하게도 그런 존재가 되는 것이 그리 쉬운 일은 아니다.

그런 사람이 되기 위해서는 여러 노력이 필요한데 그중 하나가 만나서 함께 나눌 즐거운 이야기가 있느냐일 것이다. 그래서 가족 여행을 추천한다. 여행이야말로 즐거운 이야기 소재일 뿐 아니라 여행을 함께한 사람들은 서로에게 기쁨을 주는 사람이 될 수 있다. 왜냐하면 거의 모든 사람에게 여행은 즐거운 추억이고 함께한 사람과는 깊이 공감하며 즐거운 대화를 나눌 수 있기 때문이다. 그렇다. 여행의 추억을 가장 잘 공감할 수 있는 누군가는 바로 여행을 함께한 사람이다.

슬하(무릎 아래)의 자식이라는 말이 있다. 슬하, 즉 부모의 보호 안에서 살 때 내 자식이라는 의미도 있는 말이다. 그런데 정말 눈에 넣어도 아프지도 않을 것 같던 존재가 어느새 훌쩍 커져서는 아빠, 엄마를 가르치려 들 때가 온다. 이렇게 느닷없이 세월은 흘러가고 아이들은 어느새 성인이 되어 짝을 찾아 독립하게 되는 것이다. 그리하여 1년에 겨우 몇 번 찾아오게 되는데, 오자마자 갈 생각부터 해야 할 정도로 딱히 즐겁게 웃으며 나눌 이야기가 없다면 만남과 나눔의 시간은 점점 더 짧아질 것이다.

그런데 만일 자녀가 어릴 때부터 부모와 함께 가족 여행을 다녀왔다면 그 가족은 자녀가 독립해서 20년이 지난 뒤에도 즐거웠던 여행 이야기로 웃음꽃을 피우는 대화를 이어갈 수 있을 것이다. 함께했던 재미나고 아름다운 기억들을 각자의 기억에서 끄집어내어 공감하는 대화를 나눌 때면, 마치 그때의 그곳으로 돌아간 듯한 마법의 시간을 보내게 된다. 자녀들은 그 시절에 부모님께서 나를 얼마나 사랑하고 어떻게 키워주셨는지, 부모님은 그때 이 아이가 얼마나 사랑스럽고 이뻤는지 기억하게 될 것이다. 또한 내가 자식들을 생각하며 힘내서 살아온 소중한 시간들이 훈훈한 빛이 되어 지금 여기에 있는 우리의 마음을 따듯하게 비춰주고 있다는 것도 느낄 수 있을 것이다.

만일 함께 나눌 즐거운 추억마저도 없다면 짧은 대화 뒤에 긴 침묵이 흐르거나 함께 TV를 시청하는 시간을 가지며 황금 같은 시간을 안타깝게 낭비하게 될 수도 있을 것이다. 하지만 20년 뒤에 누리게 될 즐거운 선물을 원한다면 방법이 있다. 바로 지금 여행을 가는 것이다. 지금이 아니면 미래의 즐거움으로 보상받을 수 없다. 이것이 바로 자녀들과 함께하는 가족 여행을 준비해야 하는 이유다.

자녀들이 어릴 때는 몇백만 원 정도면 누릴 수 있지만 아이들이 성장한 뒤에는 수억 원을 줘도 불가능한 것이 바로 자녀와 함께하는 가족 여행이다. 보다 직설적으로 말한다면 세상에서 가장 소중한 사람과 함께 공감하며 잊을 수 없는 추억을 서로에게 선물하여 주는 것이 가족 여행이다. 그러니 "가족 여행은 뭐가 좋아요?"라고 묻지 말라. 아파트 사는 것보다 급하고 소중하다. 소중한 사람끼리 서로의 마음속에 "언제나 오세요. 여기 내 마음속 가장 즐거운 추억에 당신이 있습니다"라는 선물을 주는 것이 바로 가족 여행이다.

## 아이들과 함께하는 가족 여행 몇 번이나 갈 수 있나?

내가 여행사를 운영하면서 안타깝게 생각하는 것 중 하나가 아이들과 함께 여행하는 가족을 많이 볼 수 없다는 것이었다. 대부분 "한 번 가야 하는데……"로 끝나는 경우가 많았다. 그렇다면 왜 이렇게 가고 싶어 하는 가족 여행을 못 가는 걸까? 그건 의외로 가족 여행을 언제나 갈 수 있는 것으로 생각하고, 실제로 기회가 많지 않다는 걸 모르기 때문이다. 일반적으로 가족 여행을 평생 몇 번이나 갈 수 있을까 따져보면, 자녀가 둘인 가족의 경우에는 매년 한 번씩 해외여행을 간다고 하더라도 고작 다섯 번 정도 갈 수 있다. 더군다나 유럽이나 미국처럼 장거리 여행을 가는 것은 더욱 어렵다.

왜 그런지는 조금만 생각해보면 알 수 있다. 우선 큰아이가 고등학생이 되면 어렵다. 거기다가 둘째가 초등학교 4학년이 되어서야 함께 여행할 만하다는 걸 생각하면 결국 자녀들과 함께 가족 여행을 갈 수 있는 골든 타임은 5년 정도가 된다. 그러나 이때가 부모들이 직장에서 가장 바쁘게 일할 때다. 현실이 이렇다 보니 꼭 가야지 하고 준비하는 가정이 아니라면 골든 타임을 놓치고 마는 것이다.

그리고 큰아이가 대학 갈 때쯤이 부모에게는 사회적으로 안정적인 시기가 되는데 안타까운 것은 이제는 자녀들의 일정이 바쁠 때라는 것이다. 둘째가 고등학교를 졸업하면 큰아이는 군대에 가거나 이미 배낭여행으로 유럽을 다녀왔고 아니면 취업 준비로 여유가 없을 때다. 그러니 바쁘고 여유가 없겠지만 정신 바짝 차리고 골든 타임을 놓치지 말자. 가족 여행을 통해 서로의 마음 한쪽에 아름다운 추억이라는 집을 짓는 것을 최우선 과제로 준비하자.

## 가족 여행은 반자유 여행이 좋다

패키지 상품으로 여행하고 있는 가족들을 볼 때마다 미안한 마음이 들 때가 많았다. 그들은 대부분 마치 여행사의 처분을 받아들이기로 결심한 듯 행동한다. 혹시 우리 아이들 때문에 다른 일행들 여행에 피해가 가면 어쩌나 하는 걱정에 즐기기는 고사하고 정당한 권리마저 주장하지 못하는 것처럼 보이기도 한다. 그런 불편한 마음으로 여행하는 사람들을 보면서 '이래서야 아름다운 추억이 되겠나?' 하는 생각이 들었다.

또한 패키지여행에서는 가이드가 모든 것을 안내하고 알려준다. 여행객들은 주는 밥을 먹고, 정해놓은 숙소에 배정해주는 방에서 자고, 보여주는 것을 보고, 설명해주는 이야기를 듣고 따르는 수동적인 역할을 하게 된다. 모든 여행객이 가이드 앞에 평등하게 된다. 당연히 아빠, 엄마의 역할과 권한이 축소되고, 가족 간에 대화할 기회가 줄어들게 된다. 이런 상황에서 친밀감 강화와 함께 기억할 좋은 추억을 만들어 공유하는 것은 원천적으로 한계가 있다. 그래서인지 패키지여행을 다녀온 가족들의 추억에는 가이드 이야기가 중심이 되어 있는 경우가 많다. 하지만 이 이야기에는 가족이 중심이어야 한다. 그렇다고 아이들과 함께 자유 여행을 준비하는 것 또한 만만한 일은 아니다. 특히 안전에 대한 걱정이 자유 여행을 망설여지게 한다.

그래서 가족 여행, 특히 유럽 여행만큼은 반자유 여행을 추천한다. 여행에 꼭 필요한 기본적인 것들은 전문가들에게 맡기고 홀가분한 자유 시간을 누릴 수 있는 반자유 여행은 가족 여행의 주목적인 우리만의 추억을 만들기에 안성맞춤이다. 아빠는 선장의 역할을 하며 가족의 안전을 책임지고 엄마는 각각의 만족을 살피며 모두가 즐거운 상태로 이끌어주기에는 반자유 여행의 자유 시간만큼 적절한 것이 없다.

## 아이들이 스스로 준비하도록 맡겨주자

사람들 대부분이 가족 여행은 부모들이 결정하고 준비해서 아이들이 따라가는 부모들에 의한 여행이라고 알고 있다. 이 때문인지 자녀들은 가족 여행의 준비와 결정에 수동적으로 되는 것이 일반적이다. 그러나 부모들이 원하는 결과를 위해서는 자녀들에게도 준비를 맡기고 참여하도록 해야 한다. 왜냐하면 가족 여행을 통해서 부모들이 자녀들에게 주고 싶은 것은 단순한 여행의 즐거움뿐만이 아니기 때문이다. 여행을 통해서 인생을 살아가는 지혜를 배우기를 바라는 것, 물고기가 아닌 '고기 잡는 방법'을 깨닫기를 바라는 것이 부모의 욕심이고 사랑이다. 다들 알고 있듯이 직접 경험해보는 것만큼 효과적인 교육 방법이 없다.

예를 들어 차를 타고 이동할 때 스스로 운전해서 간 길은 잘 기억난다는 것과 운전자는 멀미하지 않는 것처럼 직접 깨달은 것은 더욱 오래 기억에 남는다. 그리고 어떤 일이든지 스스로 결정하는 리더의 역할을 하게 되면 힘들다는 생각이나 불만보다는 책임감을 더 갖게 된다. 그렇다고 아이들에게 "다른 아이들은 스스로 알아서 잘하던데 너는 어째서 시키는 것도 안 하니?"라는 말은 절대로 해서는 안 된다는 것을 알고 있을 것이다. 그런 생각 자체가 가족 여행을 망치는 원인이기 때문이다. 가장 중요한 것은 자발적인 참여를 끌어내는 것이다.

## 듣는 귀가 복되다. 잘 듣는 것이 거의 모든 것이다

어린 시절 낚시를 처음 배울 때 미끼로 지렁이를 쓰는 걸 보면서 '왜 빵이나 사탕을 쓰지 않는 걸까?'라고 생각했었다. 어른이 되면서 나는 왜 그런지 알 수는 없으나 붕어는 지렁이를 좋아한다는 것과 낚시할 때는 붕어에게 지렁이보다 빵이 더 맛있으며 건강에도 좋다고 가르치려 들 때가 아니라는 것을 알게 되었다. 중요한 것은 붕어가 지렁이를 좋아한다는 것을 내가 알아야 한다는 것이었다.

마찬가지로 아이들의 자발적인 참여를 끌어내기 위해서는 우선 이 여행을 아이들이 가고 싶은 여행으로 만드는 것이 첫 관문이며 그러기 위해서는 필연적으로 아이들이 무엇을 좋아하는지 알아야 한다. 이때 대부분의 부모는 아이들이 무엇을 좋아하는지에 대해서 잘 모르고 있다는 것을 알게 될 것이다. 실망할 것 없다. 모른다는 것을 안다는 것은 이미 많이 아는 것이다. 그리고 그래서 가족 여행을 가려고 하는 것이다. 그러니 시간을 두고 여유를 갖고 찬찬히 그러나 성실히 알아보고 물어보면서 원하는 여행을 함께 준비하는 파트너가 되어보자.

인고의 노력으로 자녀가 원하는 것과 좋아하는 것 그리고 싫어하는 것을 알게 되었다면 첫 번째 관문은 훌륭히 통과한 것이다. 이제는 아이들이 좋아하는 것들을 여행 중에 만날 수 있는 일정이 무엇인지 알아두고, 가고 싶은 여행이 되도록 눈높이에 맞는 여행 제안을 조금씩 여러 번 하도록 하자. 또한 여행 가서 하고 싶은 것과 먹고 싶은 것, 보고 싶은 것들을 이야기할 기회를 주면 효과는 더 좋아진다.

단순히 "아빠, 엄마가 여름방학 때 프랑스와 스위스로 효진이 데리고 가기로 했으니까 공부 열심히 해. 알았지?" 이렇게 말하는 것과는 분명히 다른 여행을 준비할 수 있다. 그러니 쉽지 않겠지만 힘을 내자. 우여곡절 끝에 드디어 아이가 "아빠 우리 여행 언제 가? 어떤 호텔에서 자? 아빠는 여행 가서 뭐 하고 싶어?" 등의 질문을 쏟아내며 여행의 기대에 한껏 부풀어 있을 때가 진짜 중요한 순간이다. 아이의 빛나는 맑은 눈망울에 혼이 쏙 빠져서 정신이 혼미해지지 않도록 정신 바짝 차려야 한다. 이때가 드디어 아이들에게 여행 준비의 작은 핸들을 용기 내어 잡을 수 있도록 할 수 있는 절호의 찬스이기 때문이다. 아이들에게 맡길 만한 핸들은 이런 것들이 있다. 친구들 선물이나 갖고 싶은 것을 위해 용돈을 모으는 일 등 자신을 위해 쓸 돈을 준비해 두면 좋다는 점이나 하고 싶은 것을 더 재미나게 잘하기 위해서는 영어나 그 나라 말을 할 수 있으면 좋다는 점을 조금씩 여러 번 알려주면 좋다. 그리고 본인의 짐은 본인이 꾸려야 한다는 것과 여행 중에 절대로 변경할 수 없는 것들이 있다는 점도 출발 전에 꼭 알려주어야 한다. 특히 스스로 쓸 돈을 준비하고 계획적으로 사용할 수 있도록 가르쳐주는 일은 꼭 해야 한다.

## 용돈으로 즐기게 하자

"자식을 사랑한다는 것은 자식의 자유를 사랑하는 것이다."

연세대 김형석 교수가 한 말이다. 자녀들이 여행 중에 엄마를 힘들게 하는 것 중 가장 많은 것이 바로 "나 저거 먹고 싶어. 저거 사 줘"와 같은 돈과 관련된 것이다. 이 문제를 예방할 수 있는 좋은 방법은 스스로 자기를 위해 쓸 돈을 준비하고 계획하여 결정하게 하는 것이다.

"아빠, 엄마가 여행 가면 여행에 꼭 필요한 것들, 즉 비행기, 호텔 그리고 식사와 입장료는 다 준비해줄게. 친구들 선물이나 아이스크림 같은 군것질거리 그리고 기념품과 이쁜 장난감같이 우리 효진이가 하고 싶고, 갖고 싶고, 먹고 싶은 것은 미리 계획해서 필요한 돈을 준비해 가야 해. 잘 준비할 수 있지?"라고 분명히 알려주고 스스로 준비하게 한다면 여행 중에 사고 싶은 것이 생기면 자기의 지갑을 열어보고 스스로 판단하고 결정할 것이다. 이러한 경험은 분명 자녀를 성장시켜줄 것이다.

그러나 원하는 결과를 위해 사랑하는 아이를 몰고 갈 수만은 없다. 그리고 그래서도 안 된다. 부모는 오직 아이들이 스스로 옳은 길을 갈 수 있도록 그 길이 좋아 보이도록 다듬어주고 바르게 볼 수 있도록 이끌어주고 자녀들의 선택을 존중하고 기다려주는 것이다. 그것이 바로 우리가 아이였을 때 받고 싶었던 부모의 사랑이었다는 것을 기억하자.

 ## 가족 여행 준비

- 2~3년 전부터 여행에 필요한 돈을 모으자(천만 원을 목표로 하면 적당하다. 조금 부족한 경비는 수시로 보충하자).
- 1~2년 전부터 아이들이 여행을 기대하며 준비할 수 있게 도와주며 모두가 함께 준비한다.
- 1~6개월 전에 항공권이나 반자유 여행 상품을 구매한다.
- 자유 여행 일정 만들기를 참고하여 준비한다.

## 손주들과 함께하는 그랜드 투어
## 과거와 미래를 아우르는 소중한 친구가 되어보자!

요즘은 60대도 청춘이다. 여행지에 가보면 60대가 굉장히 많은 퍼센트를 차지한다. 과거를 생각해서는 곤란하다. 골프장을 가도, 헬스장을 가도, 어렵지 않게 볼 수 있는 연령대가 50~60대다. 그리고 60대 이상의 사람들에게는 아주 특별한 여행이 있다. 만약 친구들과 부부 동반으로 아무리 좋은 곳을 다녀올지라도 무언가 채워지지 않는 마음 한쪽의 아쉬움이 그간 남았다면, 그 해답을 손주들과 함께하는 여행으로 풀어보고자 한다. 다음은 '손주들과 함께하는 그랜드 투어'에 관해 생길 수 있는 궁금증이다.

1. 처음 들어보는 여행인데? 어떤 여행을 말하는 거지?
2. 손주와 함께하는 여행? 그런 여행은 여행사에 없던데?
3. 손주가 나와 함께 여행을 가려고 할까?
4. 손주와 자유 여행을? 내가 할 수 있을까?
5. 그런데 손주와 함께하는 여행을 왜 해야 하는데? 뭐가 좋은데?
6. 그렇다면 어떻게 해야 하는데?
7. 손주와 함께하는 여행은 어디로 가면 좋을까?

이 외에도 많은 의문이 있으리라 생각하지만 재미를 잃지 않는 선까지 가보도록 하겠다. 우선 1번과 2번의 질문에 답을 찾아본다면 아무래도 손주들과 함께 여행을 가는 것이라는 것은 쉽게 알 수 있을 것이다. 여기서 조금 다른 것은 절대 손주의 부모와는 동행하지 않는 여행이라는 점에서 가족 여행과 구분된다는 것이다. 이 점은 여행의 주목적을 수행하는 데 반드시 필요한 조건이다. 아직 관련 여행 상품은 없다. 은퇴자들을 위한 여행이라곤 '효도 관광' 정도가 있고 '한 달 살기'가 이제 막 선보이는 중이다. 3번 질문이 우리를 위축되게 하는데, 결론부터 말하자면 크게 걱정할 건 없다. 어린 손주들은 대부분 엄마의 결정에 따른다. 우리들의 며느리거나 딸일 아이들의 엄마는 때때로 아주 간절히 엄마라는 역할에서 벗어나 자신만의 시간을 갖고 싶어 한다. 그러니 아이들의 엄마에게 부탁하라. 기꺼이 도움이 될 것이다. 그리고 어떻게든 성공시키려 할 것이다. 만약 4번처럼 자유 여행이 어렵게 느껴진다면 반자유 여행도 좋다. 그리고 단골 여행사 찬스를 적극 이용한다면 어렵지 않게 준비할 수 있다.

5번 질문에 대한 답은 가수 조용필의 노래 〈킬리만자로의 표범〉처럼 "내가 산 흔적 일랑 남겨둬야지"로 설명하고 싶다. 지금의 대한민국은 선진국들과 견주어 손색이 없는 나라가 되었다. 그러나 불과 20~30년 전만 해도 먹고 살기 바쁘고 여행은 사치스러운 것인 때가 있었다. 그때 그 시절 아무도 가르쳐주지 않은 일들을 스스로 깨우쳐서 해내고 땀 흘려 이룩한 결과로 지금의 우리나라가 있고 지금의 풍요가 있다. 그리고 그 주역인 젊은 할아버지, 할머니의 노하우를 누군가에겐 전해주는 것은 가치 있는 일이라고 생각한다. 몇몇 성공한 사람들의 이야기뿐만 아니라 현장에서 치열하게 일 궈낸 참된 삶의 경험이 전수되는 것은 꼭 필요한 가치의 실현이다. 그냥 사라진다면 그것은 슬픈 일이다. 최소한 나와 피를 나누고 정을 나눈 가족, 나를 닮은 손주들에게 꼭 전해주라고 말 하고 싶다. 그러나 막상 현실은 만만치 않다. 손주들과 30분 이상 대화의 시간을 갖는 것이 거의 불가능하고 또 누구를 가르쳐본 경험이 없는 사람이 재미있게 얘기를 들려주는 것 또한 그리 쉽지 않은 일이다. 그러면 여행에서 답을 찾아보자. 누구나 여행 중에는 평상시보다 오픈 마인드를 갖게 된다. 그리고 보다 긍정적인 사람이 된다. 그래서 함께 여행하는 일행과는 쉽게 동료애가 생기게 된다. 마음을 나누고 자신감을 전해주고 삶의 다양한 경험을 전수해주기에 여행만큼 좋은 때가 또 있을까 하는 생각이다. 가족이라면 더 빨리 더 쉽게 그렇게 될 것이다. 더욱이 여행지가 해외라면 언어적, 문화적으로 마치 무인도에 둘만 남은 것처럼 느껴질 것이고 자연스럽게 서로를 의지하고 신뢰하는 사이가 될 것이다. 이제 남은 것은 애정을 갖고 지켜보고 기회를 주고, 격려하고, 칭찬하고 기다려주면 된다. 그렇게 들어주고 들어주다 보면 내가 들려주고 싶은 말을 할 기회가 오고 어느새 귀여운 웃음과 맑은 목소리가 들려온다. "할아버지, 할머니하고는 어떻게 만났어요?" 여행은 그렇게 눈에 넣어도 아프지 않을 사랑스런 손주들을 다정한 친구로 만들어줄 것이다.

6번 질문에 대한 답은 너무나 쉽다. 꼭 자유 여행이어야 할 필요는 없다. 둘만을 위한 가이드 서비스가 얼마든지 가능한 시대에 살고 있다. 7번 질문에는 일단 손주들이 초등학교 4학년 이상이 바람직하다. 그리고 현실적으로 고등학생 이상의 손주들과 함께하는 것은 어렵겠지만 함께할 수 있다면 더욱 좋다. 장소에 관한 질문에 왜 엉뚱한 대답이냐고? 함께하는 일행이 여행지 선정에 중요한 요인이 되기 때문이다. 4학년 이상이면 물놀이에 시들해질 나이이며, 휴양지 여행을 이미 다녀온 경험이 있을 수도 있다. 즉 조금 재미없어할 수도 있기에 휴양지는 일단 추천하지 않는다. 더군다나 손주들과 휴양지에서 물놀이하면서 할아버지, 할머니의 이야기를 들려주기란 쉽지 않다. 그러니 많은 이야기의 소재가 넘치는 관광형 여행지 중에서 가능하다면 유럽을 우선으로 추천한다.

# 3장

# 이제는
# 반자유 여행으로
# 즐겨라

# 편안한 자유 여행,
# 자유로운 패키지

## 자유 여행만큼 여행다운 것은 없다

어디를 가느냐? 누구와 함께 가느냐? 그리고 언제 가느냐가 중요한 만큼 각 상황에 맞게 어떤 형태의 여행을 할 것인가를 정하는 것도 만족스러운 여행을 위해 매우 중요한 선택이다. 성찰과 성장을 바라고 혼자 떠나는 여행이라면 자유 여행이 적격일 것이다. 자유 여행만큼 자기 자신을 방해받지 않고 또렷하게 느끼며 다양하게 누릴 수 있는 여행은 찾기 어렵다.

그러나 우리는 공짜가 없는 세상에 살고 있다. 누리는 자유만큼의 대가를 치러야 한다. 자유 여행에서는 여행자 스스로 결정하고 책임져야 하며, 낯선 환경과 예상하지 못할 위험에 알아서 대처해야 한다.

이런 것들을 잘 해낸다면 대가를 치르는 행위가 결과를 더 풍요롭게 하는 요인이 될 수 있다. 특히 혼자 떠나는 여행이라면 단점마저도 좋은 경험으로 승화시킬 수 있다. 이 또한 자유 여행의 매력일 것이다.

그런데 동행이 있는 여행에서는 그 대가를 치러야 한다는 것이 그리 녹록한 것이 아닐 수 있다. 또한 준비 과정부터 수많은 선택을 해야 하는 여행에 스스로 결정하는 것이 익숙하지 않은 사람이라면 더욱 치명적인 대가를 치러야 할 것이다.

## 동행이 있는 자유 여행이라면

동행과 함께하는 자유 여행은 자유라는 특권을 누리기 위한 조건을 갖추는 것이 만만치 않다. 동행과 함께 자유 여행을 한 많은 이들은 본인이 상상했던 여행과는 전혀 다른 결과에 당황하고 후회한다는 하소연을 곧잘 들려준다. 그런 사연을 여러 차례 들어본 나로서는 동행이 있는 여행자에게 섣불리 자유 여행 예찬론을 들려줄 수 없다. 우선 준비 과정부터가 장애물 넘기다. 어디를 갈 것인가를 정하는 것부터 난관이다. 축구를 좋아하는 동행이 있다면 모든 일정을 축구 경기에 맞추어야 한다. 그에게는 이번 여행의 가장 중요한 이유가 축구이기 때문이다. 심지어 날씨 등의 이유로 경기가 연기될 경우 현장에서 여행 일정을 수정해야 하는 경우도 예상해야 할 것이다.

그 외에도 취향과 성향의 차이는 그야말로 다양하며 천차만별이다. 쇼핑을 좋아하는 사람, 백화점에 들어서기만 해도 무릎이 아픈 사람, 술을 좋아하는 사람, 여기까지 와서 꼭 그렇게 술을 마셔야겠냐는 사람, 아침에 스스로 일어나는 것 자체가 기적인 사람, 일찍 자야 하는 사람, 많이 보고 즐겨야 하는 사람, 분위기 좋은 카페에서 차 한잔하는 시간을 소중히 여기는 사람 등……. 이렇듯 다양한 취향을 가진 수많은 사람 중 서로를 잘 안다고 생각하는 사람끼리 함께 여행을 계획한다. 그런데 사실은 서로가 어떤 사람인지 잘 모른다는 것을 모르고 출발한다는 것이 비극의 시작이다. 십년지기라며, 이 친구를 나만큼 잘 아는 사람도 없을 거라며 그렇게 서로를 무한 신뢰하고 출발한 여행객 중에 귀국한 후 다시 보지 않는 사이로 변한 경우를 많이 봐온 나로서는 이 부분에 의문을 품게 되었다.

결론은 본인도 자기를 잘 모른다는 것과 평상시와는 다르게 여행 중에는 사건, 사물, 사람 등을 대하는 태도가 많이 달라지는 경우가 종종 있다는 것이다. 본심이 여행이라는 특수한 상황에 표출된 것인지 단순한 실수나 판단 착오인지는 알 수 없으나 웬일인지 평상시와는 다른 태도를 보이는 사람들이 상당수 있다는 것은 사실이다. 그리고 동행이 있는 자유 여행객들의 대부분이 일행 중 대표 한 사람을 정해 여행을 준비한다. "네가 잘 아니까, 네가 꼼꼼하니까, 네가 제일 시간이 많으니까, 넌 여행을 많이 가봤으니까, 네가 준비하면 난 무조건 찬성이야. 알아서 해. 우리 서로 잘 알잖아." 이렇게 준비 과정이 일임된다. 비극의 복선은 여기에서부터 출발하는 경우가 많다. 그리고 그렇게 준비된 여행은 다음과 같은 오류들을 생산한다.

"영택아, 우리 아울렛은 언제 가?"

"아울렛은 안 가기로 했는데."

"그래? 이탈리아에서는 명품 아울렛은 꼭 가보라고 하던데."

"그런데 우리 마짱꼴레(mazzancolle)는 언제 먹냐?"

"응? 어제 먹었는데?"

"아 그게 그거였어? 별맛 없던데, 맛나다고 꼭 먹어보라고 하던데, 식당이 다른가?"

우리 속담 중에 '장난으로 던진 돌에 개구리는 맞아 죽는다'는 말이 있다. 많은 고민 끝에 나름 최선의 선택으로 여행을 준비한 사람은 일행의 별 의미 없는 한 마디에 마음이 상하고 힘이 빠진다. 그리하여 마침내는 여행이 힐링이 아닌 스트레스가 쌓이는 시간이 되면서 좋은 여행과는 거리가 생기고 급기야는 동행에게 섭섭한 마음이 자리 잡게 된다. '나는 무슨 죄로 이 여행의 대부분을 책임지는 사람이 되었는가?' 이와 같은 경험을 해본 사람, 어떤 사람과 여행을 가고 싶은데 망설여지는 사람, 이런저런 불편함이 걱정되는 사람이 있을 것이다. 그리고 선택과 결정에 대한 책임으로부터 자유로운 여행을 하고 싶은 사람들은 패키지여행을 선택하게 된다.

## 결국 패키지여행이 답?

그렇다면 패키지여행이 이 모든 문제를 해결해줄 수 있을까? 문제는 아니라는 데 있다. 패키지여행 또한 가시밭길이다. 늑대가 나오는 고갯길을 피해서 돌아간 길에 호랑이를 만나는 격이다.

많은 사람이 패키지의 문제점이라고 생각하는 것들은 쇼핑이나 옵션의 강요와 가이드의 불친절 등을 이야기한다. 그러나 그 외에도 구조적인 문제로 인한 불편함이 상당하다. 우선 모르는 사람들과 함께 여행을 해야 하는 것 자체가 문제다. 패키지는 낯선 사람들과 한 버스를 타고 일정을 함께한다. 이것은 국가를 커다란 가족으로 인식하는 대한민국 사람들끼리는 다양한 문제를 일으키는 원인이 된다. 다른 사람의 눈을 거의 의식하지 않고 또 남의 행동에 크게 개의치 않는 서구의 사람들과는 기본적으로 관계 매김이 복잡하고 어려운 것이 한국 사람들의 특징이다. 더군다나 전혀 모르던 사람들끼리 다양한 연령대의 사람들로 구성된 단체에 갑자기 소속되어 행동의 제약을 받아들이게 되었는데 불편함이 없다면 그건 기적이다.

나의 취향은 감히 말할 분위기가 아니다. 못 먹는 음식이 있다면 내가 스스로 알아서 해결하는 것이 당연한 일처럼 생각되는 것이 우리나라 패키지 상품의 현실이다. 이것은 남에게 피해를 주지 않으려는 문화와 많은 사람이 가성비라는 이점을 중심으로 구성된 구조적인 모순에 기인한다. 특히 아이들과 함께 여행하는 부모들이 다른 고객들의 눈치를 보느라 노심초사한다. 그러다 보니 돈 내고 벌서다 가는 여행이 되기도 하는 것이다. 간혹 젊은 친구들끼리 가는 고객이 나이 든 분들과 일행이 된다면 그야말로 '이번 여행은 틀렸어. 흑흑'이 되는 것이다.

## 그렇다면 어떻게 하면 좋은가?

안전하고 편안한 자유 여행, 자유로운 패키지는 안 되는 걸까? '나는 패키지여행의 불편함을 감내하기 싫고 기본적인 것들은 잘 갖추어진 자유로운 여행을 원한다.' 이런 사람들에게 패키지여행의 장점은 살리고 문제점을 최소화한 반자유 여행을 추천한다. 이제는 '편안한 자유 여행'과 '자유로운 패키지' 여행을 하는 것이 얼마든지 가능하다고 생각한다.

현재 이미 많은 여행사에서 유사한 형태의 상품을 개발하여 판매하고 있으니 이런 유형은 곧 시장에 정착될 것이라고 본다. 반자유 여행이라 부를 수 있는 이 형태는 항공, 호텔, 이동을 단체와 함께하며 각 목적지에서 꼭 봐야 할 랜드마크는 가이드 안내를 받는 등 패키지의 장점을 활용한 방법으로 운영된다. 그리고 각자 가고 싶은 곳과 하고 싶은 것을 자유롭게 할 수 있도록 자유 시간을 배려해주는 방식으로 운영된다. 패키지와 자유 여행 형태의 일정을 믹스한 운영 방식이어서 양쪽의 편리함을 다 누릴 수 있다.

파리 여행을 예로 들면 오전에는 에펠탑과 루브르박물관을 가이드 안내에 따라 보고 점심 식사 후의 시간부터는 자유 시간이 되는 방식의 일정이다. 이럴 경우 하루 8시간 정도가 자유롭게 나만의 시간으로 주어진다. 이 시간에 무엇을 볼지, 무엇을 먹을지 아니면 차 한잔 하면서 그냥 파리를 느껴볼지 스스로 정하고 독립적이고 자유롭게 오롯이 여행을 즐기는 시간을 갖게 되는 것이 반자유 여행의 가장 큰 장점이다.

이 여행의 선결 조건은 자유 여행을 시간에 쫓기지 않고, 부담 없이 누릴 수 있도록 저녁 식사가 자유식이 되어야 하며, 여행객이 각자 원하는 시간에 숙소로 돌아가는 데 어려움이 없도록 숙소가 교통이 편하고, 찾기 편한 곳에 있어야 한다는 것이다. 여기에 더하여 함께하는 동행이 연령대가 비슷하거나 또는 취향이 비슷한 동행들로 구성된 여행이라면 금상첨화라고 하겠다.

# 반자유 여행,
# 이렇게 누려보자

방문지의 특성을 살려 동선을 짠다

기업의 단체 여행을 기획하면서 구성원들의 다양한 니즈를 충족시켜주기 위하여 반자유 여행 일정을 여러 번 운영해보았다. 그때 의외로 자유 시간을 불편하고 힘든 것으로 받아들이는 분들이 있다는 것을 알게 되었다. 이런 분들은 어느 단체에나 있었다. 결국 자유 일정에도 완전한 자유보다는 무엇인가 선택할 수 있는 대안이 있으면 좋다. 반자유 여행을 준비할 때 기본형인 다 함께 하는 일정 준비에만 치중하는 것보다는 자유 시간에 방문지의 특성을 살려서 무엇을 하면 좋은지를 몇 가지 안으로 준비해서 가는 것이 필요하다.

일례로 파리를 반자유 여행으로 간다면 에펠탑, 루브르박물관 등은 기본 일정으로 들어갈 것이다. 그 외의 것들 중에 각자의 취향을 살려서 혹은 각각 다른 색깔의 여행을 만들 수 있는 일정을 준비하면 좋다. 만약 예술을 주제로 오르세미술관(Orsay Museum)과 로댕미술관(Rodin Museum)을 방문하는 일정을 준비한다면 개장 시간을 확인하고 예약 여부를 확인해야 하는 것이다. 또는 전원도시나 작은 성을 보기 위해 루아르(Loire) 지역을 가는 일정을 준비할 수도 있다. 그리고 파리까지 왔는데 와이너리를 경험해보고 싶을 수도 있다. 이런 것들을 만족하게 하기 위해서는 사전 준비가 필요하다. 그리고 파리에 가서 상황이 어떻게 될지, 내 마음이 어떻게 바뀔지 모른다. 그러니 몇 가지 안을 준비해 가면 좋다.

## 현장에서 얻은 정보는 생수와 같다

이런저런 이유로 여행객은 여행을 위해 다양한 준비를 한다. 그러나 아무리 잘 검색하여 수집한 것이라도 출발 전에 준비한 것은 최소한 며칠 전의 정보일 수밖에 없다. 과거 책에 의지하여 여행할 때보다는 좋아졌으나 정보의 정확성과 객관성이 완벽하다고 하기엔 역시 무리가 있는 것이다. 현장에서 따끈따끈한 정보를 계속 업데이트할 수 있으면 좋은데 이것이 말처럼 쉽지 않다. 일단 내가 여행 중이니 바쁘다. 또한 현장에서 살아 있는 정보를 얻기 위해서는 현지인들의 도움을 받아야 하는데, 언어는 둘째치고 이들은 내가 원하는 것을 잘 이해하지 못한다는 문제가 있다. 반자유 여행이라면 장점을 살려서 일행끼리 서로에게 정보원이 되는 방법이 있다. 각자 다른 일정을 수행하고 호텔에 돌아와서 각자 하루 동안 경험한 정보를 주고받는다면 생생한 정보를 얻음은 물론이고 서로를 더 잘 이해할 수 있는 훈훈한 대화의 장이 될 것이다.

## 자유 시간과 결정된 시간의 비율을 5 대 5로 확보하라

반자유 여행을 선택하는 이유는 자유와 효율을 적절하게 분배하여 일행 모두가 더욱더 만족하는 일정을 누리고자 하는 목적도 있다. 그러기 위해서는 시간의 안배가 필요하다. 하루에 10시간을 무언가 보고 체험하는 데 사용한다고 볼 때 약 5시간씩 일정을 나누어 활용하자. 가급적 기운이 쌩쌩하고 관광 시설 입장이 가능한 오전 시간에는 함께하는 공식 일정, 즉 랜드마크를 체험하는 시간으로 하고 점심 식사는 함께하는 것이 좋다. 그리고 나른해질 수 있는 오후 시간에는 각자 원하는 스타일로 즐기자. 저녁 식사도 각자의 취향대로 즐기는 것이 좋다. 만약에 여름철에 유럽을 여행한다면 점심 식사 이후에는 쇼핑이나 휴식의 일정을 갖자. 5시 이후부터 해가 질 때까지의 긴 저녁을 활용하여 관광지를 방문하는 것이 좋다. 더위도 피할 수 있으니 좋고 사진도 저녁때가 더 이쁘게 나온다. 반대로 겨울철이라면 낮에 부지런을 떨어야 한다. 그리고 언제 어디를 가거나 야경 사진을 찍을 곳도 몇 군데 챙겨놓으면 좋다.

## 아는 만큼 보이고 알면 더 잘 보인다

아메리카 대륙에 스페인 군함이 처음 왔을 때 인디언들은 며칠 동안 그들의 배를 보지 못했다고 한다. 바다 위에 떠 있는 커다란 배를 그것도 여러 척을 보지 못했다니……. 그 이유는 그들이 한 번도 그런 배를 본 적도 없고 들어보지도 못했으며 상상한 적도 없었기에 떡하니 눈앞에 있는 것도 보지 못한 것이라고 한다. 정확히는 '인식하지 못한 것'이다.

우리의 눈은 이렇듯 불완전하다. 이렇게 거창한 예가 아니더라도 실생활에서도 경험할 수 있는 사례로 볼 때 우리는 보고 싶은 것만 보는 성향이 있는 듯하다. 아내가 첫아이를 임신했을 때 내 눈엔 온통 임산부들만 보였으며, 처음으로 차를 살 때는 온통 차만 눈에 들어왔다. 이렇게 관심 있고 아는 것이 인식이 더 잘 된다는 점을 고려해 여행 준비를 하면 여행의 질을 높일 수 있다. "어? 거기에 그런 게 있었어? 난 못 봤는데." 다양한 사전 지식으로 무장하고 출발한 여행객은 이런 후회는 하지 않아도 되는 것이다. 내가 밥 먹듯이 여행을 떠날 수 있고 같은 곳을 여러 번 갈 정도가 아니라면 가성비 높은 여행을 위해 역사나 문화에 대해서 기본 상식 정도는 살펴보고, 여행지와 관련된 책 한 권 정도는 읽고 가자. 반드시 잘한 선택이라는 것을 알게 될 것이다.

예를 들어 유럽 여행, 특히 이탈리아로 여행을 준비한다면 그리스 로마 신화 이야기나 《성경》을 읽고 가면 좋다. 그렇지 않은 것에 비해 훨씬 더 풍부한 감동과 풍성한 추억을 얻을 것이다. 어디를 가나 그리스 로마 신화의 영웅들이나 성경의 이야기를 형상화한 예술 작품을 만나게 되기 때문이다. 성경이 너무나 방대해서 부담스럽다면 신약의 4복음서 중 가장 짧은 것 하나와 창세기 정도는 읽고 가면 좋다. 그것도 싫다면 어린이용 만화도 있다. 나는 다행히 기독교인이라 《성경》은 친숙했고 이윤기 저자의 《그리스 로마 신화》(웅진지식하우스, 2020)에 더하여 《이야기 세계사》(김경묵 외 지음, 청아출판사, 2020)를 재미있게 읽었다. 어디를 가나 그곳의 역사를 알고 가면 많은 것들이 이해하기 쉬워지고 내 마음속에 '그냥 그런 게 있다더라'가 아닌 살아 있는 이야기로 남게 되는 장점이 있다.

## 아름다운 시간을 추억으로 공유한다는 것의 가치

출발 전부터 배려로 공유하고 소통으로 준비한 동행은 여행 중에도 자연스러운 대화를 통해 서로가 더욱 가까워지는 것을 경험하게될 것이다. 그리고 많은 어려움을 준비 단계에서부터 피할 수 있는 반자유 여행은 트레블이 '트러블'이 되는 것을 막아줄 것이다.

이렇게 만들어진 함께한 경험은 훗날 여행이 추억으로 되었을 때언제든지 다시 소환하여 그때의 그 시간 속으로 함께 돌아갈 수 있는마법 같은 힘을 갖게 된다. 서로의 관계가 어려움에 처했을 때 이런마법의 시간을 공유한다는 것은 돈으로 환산할 수 없는 무한한 가치를 지니는 것이다.

# 놓치기 아까운
# 유럽 기차 여행

### 유럽만큼은 반자유 여행을 추천하는 이유

우리나라 사람들이 가장 선호하는 여행지 1위는 유럽이다. 그리고 많은 사람이 가성비, 언어 문제 등의 이유로 패키지여행으로 다녀오는 곳이기도 하다. 유럽 여행은 한 번에 여러 나라를 보는 일정이 대부분이다. 사전 준비가 필요한 곳이다. 그래서 바쁜 사람들은 자유 여행을 준비하기가 만만치가 않은 곳이다. 이런 이유로 패키지를 선택하는 마음을 모르는 바는 아니다. 그럼에도 불구하고 유럽만큼은 자유 여행을 추천한다.

다른 지역도 그렇겠지만 특히나 유럽은 다른 지역에 비해 경비도 많이 들고 여행 기간도 길게 잡아야 하는 곳이기에 그야말로 큰맘 먹고 가야 하는 여행지다. 그리고 색다른 자연환경과 문화 그리고 유구한 역사 등 다양한 볼거리에 긴 일정이 항상 짧게 느껴지는 여행지다. 이런 곳을 삼사십 명이 같은 호텔에서 자고 같은 음식을 먹는다? 정해진 일정을 모든 멤버가 만족해할 거라고 기대하는 것은 로또를 사기만 하면 일등에 당첨될 거라고 믿는 것과 뭐가 다른가? 그러나 여유 있게 자유 여행을 즐길 만큼의 휴가를 내는 것이 쉽지 않고 준비할 여유가 없는 사람들에게는 반자유 여행을 추천한다.

## 기본은 렌터카이지만

한번 떠남으로 여러 국가를 여행하게 되는 유럽 여행은 국가 간, 도시 간 이동이 중요 이슈가 된다. 이것을 어떻게 하느냐에 따라 여행의 많은 것이 달라지며 여행의 콘셉트가 되기도 한다.

속속들이 편하게 보기에 좋은 방법은 렌터카를 이용한 여행이다. 렌터카를 이용한 여행은 언제든지 떠나고 싶은 시간에 출발할 수 있다. 피곤하면 쉬었다 가고 이동 중에라도 멈춰서 즐길 수 있는 그야말로 내 맘대로의 여행이 가능하다. 그러나 한 사람 이상의 희생이 필요하며 익숙하지 않은 교통법규와 도로망 그리고 주차 문제 등 골치 아픈 숙제들도 수반된다. 결정적으로 한국 사람들의 부지런함 때문에 지나치게 빡빡한 일정이 된다. 다시 말해 렌터카 여행의 장점인 "저기서 잠시 쉬었다 가자"는 현실적으로 실행 불가한 빠듯한 일정을 계획할 가능성이 크다.

이는 한국인의 부지런함과 '빨리빨리' 문화 그리고 유럽의 복잡한 도로 사정이 복합적으로 작용하기 때문이다. 유럽의 렌터카 회사에서는 반납하는 차량의 주행거리만 보면 운전자가 한국인이라는 것을 단박에 알아본다고 한다. 그들의 말에 따르면 가히 타의 추종을 불허한다고 한다. 장거리 랠리를 하고 온 차량 수준이라면 그건 100퍼센트 한국인이란다. 그러기에 한국인이 렌터카를 빌려 여행한다면 볼 것이 많은 유럽에서 힐링하는 여행을 하기가 어렵다고 본다. 그뿐 아니라 유럽 구도시의 대부분은 과거 마차가 다니던 길을 차량용 도로로 이용하고 있다. 폭이 매우 좁고 길이 미로처럼 얽혀 있다. tvN 여행 예능 프로그램 〈꽃보다 할배〉의 스페인 편에서 배우 이서진이 주차장 찾다가 교통법규를 위반하여 벌금 내며 고생한 이야기는 유명하다. 혹시 일행 중에 유럽에서 운전하는 것을 소원하는 사람이 있거나 일행의 행복을 위해 기꺼이 희생하는 것을 여행의 큰 즐거움으로 여기는 사람이 동행한다면 매우 좋은 여행이 될 수 있다.

## 많은 것을 얻을 수 있는 기차 여행

유럽 여행의 좋은 점은 기차를 이용해 국가 간, 도시 간 이동이 매우 수월하다는 점을 들 수 있다. 기차 여행의 좋은 점은 우선 이동 중에 화장실 등 편의시설 이용이 가능하다는 점이다. 이로 인해 마음의 안정을 취할 수 있다. 창밖을 보면서 음료나 커피를 즐길 수 있으며, 수다를 떨면서 쿠키와 치즈 그리고 와인 등을 즐길 수 있는 것은 이런 마음의 안정이 가능하기 때문이다. 그리고 정시 도착, 정시 출발하는 것 또한 이동하는 시간을 편안하게 즐길 수 있어 여유를 갖게 한다. 특히, 동행과 함께하는 여행일 경우에는 편안한 마음으로 차창을 스치는 이국적인 정취를 배경 삼아 다정한 대화를 즐길 수 있다. 여행 일정이나 개인적인 생각을 나누어보자. 이때 나눈 이야기는 오래도록 기억될 것이다.

이것은 혼자 가는 여행도 마찬가지다. 창밖을 보며 이 생각 저 생각 상념에 빠져보는 이 시간은 평생에 잊지 못할 아련한 추억으로 남게 될 것이다. 그리고 내 눈에 들어 오는 풍경들은 그토록 보고 싶어 했던 유럽이다. 유럽의 풍광을 맘껏 즐기는 방법으로 기차만큼 좋은 것은 아직 보지 못했다. 그 외에도 이동 중에 식당칸에서 식사를 해결한다든가 야간열차를 이용하면 시간과 돈을 절약할 수 있다든가 등의 많은 장점이 있는 것이 기차 여행이다.

### 기차는 좋기만 할까?

기차는 유럽 대륙을 여행하는 데 매우 편리한 수단이지만 그렇다고 기차 여행이 좋기만 할까? 당연히 그럴 리 없다. 모든 것엔 양면성이 있다. 다만 마음의 저울에 달았을 때 어느 쪽으로 더 기우는가일 뿐이다. 여기서 저울의 역할이 중요하다. 저울은 판단의 기준이다. 여행의 저울은 무엇인가? 즐기는 것, 행복을 누리는 것, 오래도록 기억될 아름다운 추억을 갖는 것이 여행의 목적이라면 기차 여행은 불편함을 감수할 만한 충분한 가치가 있다.

다행히 여러 번의 반복 경험을 통해서 불편한 부분을 관리할 수 있는 방법을 찾게 되었다. 가장 큰 불편함은 숙소와 역까지 짐을 들고 이동해야 한다는 것이다. 거기에 대부분 숙소의 체크아웃 시간은 11시인데 오후에 이동하는 경우에는 더욱 난감해지는 것이다. 우선 이동의 불편함은 어쩔 수 없다. 즐기거나 혹은 대가를 치르거나다. 친구들과 가거나 혼자 여행하는 경우에는 대중교통을 이용하여 이동하는 것도 나쁘지 않다. 그러나 짐이 많거나 가족과 함께하거나 유럽 여행이 처음이거나 혹은 여행의 첫 숙박지라면 가급적 택시를 이용할 것을 추천한다. 아끼려는 마음에 대중교통을 고집하다가 도난, 분실 등의 사고를 당하는 것보다는 돈을 쓰고 편안히 가는 것이 좋다.

그리고 어느 경우든지 시간적 여유를 갖고 충분히 확인한 후에 이동하기를 바란다. 체크아웃 후 열차 출발 시간까지 여유가 있는 경우에는 짐을 어떻게 할지가 고민이 된다. 의외로 간단하다. 맡기면 된다. 일정상의 동선을 따져봐서 숙소가 편하면 숙소에, 역이 편하면 역에 맡기고 간단한 휴대품과 현금 등 귀중품만 소지하고 여행을 즐기면 된다. 역과 숙소 간 이동의 문제만 해결된다면 기차 여행에서 다른 불편한 점은 에피소드에 불과하다. 한 예로 유럽의 역은 대부분 열차 승하차 시에 개찰구가 없다. 그래서 간혹 기차 출발 전 짐을 도난당하기도 한다. 대부분 짐만 기차에 두고 기념사진을 찍는다든지 먹거리를 사러 간다든지 등의 사소한 부주의가 원인이 된다. 열차가 출발하기 전까지 짐 관리를 잘하자. 누군가는 짐을 관리해야 한다. 그 외 칸마다 구조가 다른 기차가 있는 점 등은 사전에 꼼꼼히 준비해서 선호하는 것으로 예약하면 된다.

혹시나 국경을 넘는 장거리 이동을 할 경우에는 한 기차에 목적지가 다른 칸들이 섞여 있을 수 있으니 내 좌석이 아닌 빈자리에 가서 졸다가 잠들면 일행이나 짐으로부터 분리될 수 있으니 주의하자. 실제로 20여 년 전쯤 단체로 배낭여행을 하던 팀에서 이런 일이 생겼는데 휴대폰도 없던 시절이라 난감한 상황과 처참한 결과에 처한 적이 있다. 생각해보라. 눈을 떠서 원래 내 자리로 갔더니 전혀 다른 낯선 분위기뿐만 아니라 일행들과 짐까지 보이지 않는 것이다. 그야말로 '꿈인가?' 싶을 것이다. '나는 누구? 지금 여긴 어디?'

## 지혜로운 기차 여행 사용법

유럽의 철도망은 국경을 초월해서 촘촘히 연결되어 있다. 가히 기차 여행에 최적화된 곳이라고 할 수 있다. 다양한 종류의 연결패스와 사전 구매 등의 유용한 방법은 유레일패스 홈페이지에서 쉽게 찾아볼 수 있다(www.eurail.com/ko). "어딘가로 향하는 여정 끝에 있는 것은 좋다. 하지만 결국 마지막에 가장 중요한 것은 여정 그 자체다"라는 어니스트 헤밍웨이(Ernest Hemingway)의 말처럼 기차 여행은 여정을 즐기기 위한 좋은 이동 수단이다. 그러니 내 여행에 맞는 나만의 특별한 경험을 하고 싶다면 이동 수단뿐 아니라 여행을 더욱 깊이 있게 즐길 수 있는 방법으로 기차 여행을 활용해보자.

유럽의 기차는 여러 나라가 연결된 노선을 운행하다 보니 다양한 열차와 객실 종류가 존재한다. 유명한 프랑스의 고속열차 테제베, 독일의 이체에(ICE), 유로스타(Eurostar), 탈리스(Thalys) 등 명성이 자자한 고속열차는 물론이고 글레이서 익스프레스(Glacier Express), 골든패스(Goldenpass), 첸토발리 레일웨이(Centovalli Railway) 등 아름다운 차창 밖 풍경을 뽐내는 관광 열차들도 있다. 그뿐만 아니라 열차별로 다양한 객실을 운영한다. 영화 등을 통해 가장 많이 보게 되는 방처럼 칸막이로 분리되어 있는 컴파트먼트(Compartment) 칸부터 우리가 아는 일반 좌석과 비슷한 코치(Coach) 칸 등 멋진 풍경을 맘껏 즐길 수 있는 다양한 열차와 객실들이 있다. 여행을 즐길 마음의 여유만 있다면 보다 멋진 여행을 만들 수 있다.

예를 들면 연인이나 부부가 스위스의 취리히(Zurich) 국제공항에 내려서 수도인 베른까지 이동할 경우에 고속열차를 이용하여 직선 코스로 가는 방법 대신 루체른(Luzern)을 경유하는 골든패스 구간을 파노라마 열차(기차 벽면이 큰 유리창으로 이뤄진 열차)를 이용하여 이동한다면 이동하는 내내 콧노래를 부르는 연인의 행복한 모습을 볼 수 있을 것이다.

한쪽으로는 웅장한 알프스의 영봉에 핀 만년설이 보이고 그 아래로는 알프스가 반영된 에메랄드빛 호수가 끝없이 펼쳐져 있다. 푸른 언덕에 평화롭게 풀을 뜯는 얼룩소들의 방울 소리가 들린다. 이렇게 아름다운 곳을 하늘까지 볼 수 있는 열차로 즐기는 중이다. 어찌 콧노래가 없겠는가? 이렇듯 나만의 특별한 여행을 경험하기에 딱 좋은 것이 기차 여행이다. 이런 멋진 경험을 놓치지 않도록 여행을 즐길 마음과 시간의 여유를 꼭 준비하기를 바란다.

## 유럽을 달리는
## 색다른 방법

### 유럽의 여러 경치를 한번에 느껴보자

20여 년 전만 해도 유럽 여행에 테제베 탑승 일정은 필수 코스처럼 들어 있었다. 그러다가 언제부턴가 테제베뿐 아니라 이체에나 유로스타 등의 고속열차에 대한 열망이 시들해지고 말았다. 그리고 비슷한 시기에 허니문 여행의 인기 목적지로 유럽이 각광받기 시작했고 그와 함께 고속열차의 인기를 파노라마 열차가 추월한 듯하다. 요즘에는 유럽 여행의 흐름이 '나도 가봤다'에서 '유럽 이렇게도 즐길 수 있어'로 대세가 기울어가고 있다. 특별한 유럽 여행을 원한다면 다양한 관광 열차를 지혜롭게 활용한 색다른 체험으로 더욱 빛나는 여행을 만들어 보기를 추천한다. 그러면 유럽 국가들이 자랑하는 다양한 관광 열차와 라인을 알아보자.

### 스위스의 골든패스(루체른-몽트뢰)

루체른과 몽트뢰(Montreux)의 빼어난 차창 경관을 자랑하는 골든패스 구간은 인터라켄과 츠바이짐맨(Zweisimmen)을 경유한다. 인터라켄과 융프라우요흐를 관광하는 여행객이 이용하면 좋은 구간이다. 특히 루체른에서 인터라켄 동부역 구간은 일정상에 끼워 넣기도 좋으니 꼭 한번 이용해볼 것을 추천한다. 그리고 기왕에 골든패스 구간을 경험할 때는 하늘까지 볼 수 있는 파노라마 열차 1등석과 마치 열차를 운전하는 듯한 기분을 만끽할 수 있는 VIP 전방 좌석인 '그랜드뷰'를 이용해보기를 바란다. 유레일패스 사용이 가능하며, 유레일패스 소지자는 루체른에서 인터라켄까지 예약 비용이 약 10.5유로다.

### 스위스의 글레이셔 익스프레스(체르마트-장크트모리츠)

글레이셔 익스프레스는 스위스의 체르마트(Zermatt)와 장크트모리츠(Sankt Moritz)를 운행하는 관광 열차를 말한다. 빙하 특급으로 더 잘 알려져 있다. 장크트모리츠부터 체르마트까지 약 7시간 30분 구간을 운행한다. 91개의 터널, 291개의 다리와 높이 2,033m의 오버알프 고개(Oberalp Pass)를 지나며 멋진 경관을 즐길 수 있다. 여름철과 겨울철에 매일 운행한다. 1등석, 2등석, 파노라마 일반석과 식당칸이 있다. 예약 비용은 성수기와 비수기가 차별되며 23~43프랑 정도다(유레일패스 소지자 한정).

### 첸토발리 레일웨이(도모도솔라-로카르노)

세상에서 가장 아름다운 경치 중 하나로 꼽히는 이탈리아의 도모도솔라(Domodossola)와 스위스의 로카르노(Locarno) 구간이다. 매혹적인 이 관광 열차는 '백 개의 계곡'인 첸토발리를 통과한다. 창밖을 스처가는 웅장한 폭포, 포도밭, 밤나무숲 그리고 시간을 잊은 듯한 마을의 풍경을 볼 수 있다. 1년 내내 운행되며 1등석과 2등석, 파노라마 좌석이 있다(유레일패스 사용 가능).

## 베르니나 익스프레스(스위스-이탈리아)

놀라운 풍경을 보여주는 베르니나 익스프레스(Bernina Express) 노선은 알프스의 경치와 유네스코 세계유산 지정 구역을 통과한다. 베르니나 익스프레스는 이 노선에서 운행되는 파노라마 열차를 지칭하는 것이다. 동일한 노선을 운행하는 일반 열차도 있다. 공통점은 유네스코 세계유산 지역과 산악지역 통과이며 유레일패스 사용이 가능하다는 점이다. 차별점은 베르니나 익스프레스는 예약금 10~14프랑을 지불해야 하고, 파노라마 창문과 휴게시설이 있고 안내방송이 나오며 직행으로 운행한다는 것이다. 반면 일반 열차는 예약금과 파노라마 창문 등의 서비스가 없고 갈아타야 한다는 것이다.

## 베르겐 레일웨이(베르겐-오슬로)

북유럽을 기차로 여행하고 싶다면 베르겐 레일웨이를 추천한다. 이 열차는 노르웨이의 베르겐(Bergen)과 오슬로(Oslo) 구간을 운행한다. 피오르(fjord, 빙하의 침식으로 만들어진 골짜기에 빙하가 없어진 후 바닷물이 들어와서 생긴 좁고 긴 만)와 폭포, 산과 호수 등 아름다운 경치를 감상할 수 있다. 미르달(Myrdal) 산역에서 출발하는 '플롬 레일웨이(Flam Railway)'를 타고 유럽에서 가장 길고 깊은 송네 피오르(Sogne Fjord)를 볼 수 있다. 그리고 라우마(Rauma) 라인을 이용한다면 유럽에서 가장 높은 곳에 위치한 수직 암벽인 트롤베겐(Troll Wall)을 볼 수 있다. 북극권까지 방문할 수 있는 '인란스바난(Inlandsbanan)'은 스웨덴의 관광 열차 노선으로 차창 밖으로 울창한 숲과 거대한 늪지 그리고 순록 무리도 발견할 수 있다.

## 빼놓으면 아쉬운 기타 명소들

독일 여행을 계획한다면 '라인 밸리 라인(Rhine Valley Line)'을 이용해보자. 라인 강변을 따라 그림 같은 소도시와 아름다운 고성을 볼 수 있다. 《헨젤과 그레텔》에 나올 법한 독일 마을들과 침엽수로 덮인 산악지역을 보고 싶다면 독일의 '블랙 포레스트 라인(Black Forest Line)'을 통해 즐길 수 있다.

오스트리아에서는 '아를베르크 라인(Arlberg Line)'과 '젬머링 반(Semmering Bahn)' 관광 열차를 통해 멋진 경치를 경험할 수 있다. 이뿐만 아니라 비록 관광 열차 구간은 아니지만 멋진 경관을 자랑하는 다양한 열차와 차창 밖 풍경이 우리를 특별한 추억으로 안내할 것이다. 유럽에서의 기차 여행은 꼭 욕심내보기를 추천한다.

## 우아한 매력이 넘치는 동유럽

### 동유럽은 정수만 가려 뽑아 즐기자

동유럽에는 오스트리아를 비롯해 헝가리, 폴란드, 체코, 루마니아, 불가리아 등의 나라가 있다. 동유럽 여행에는 주로 헝가리가 포함되고 때로는 폴란드를 넣는 루트도 있다. 또 근래에는 크로아티아도 인기가 높아져 여행객들이 즐겨 찾는 인기 지역이 되었다.

세상은 넓고 가고 싶은 곳은 많다. 동유럽뿐만 아니라 서유럽, 북유럽, 남미 등등 가고 싶은 곳이 많다. 그런데 여행을 떠날 수 있는 날들은 늘 부족하다. 특히나 대한민국의 직장인들에게 유럽 여행은 도전이 필요할 정도로 휴가가 짧다. 그래서 짧은 휴가를 이용하여 동유럽 지역을 알차게 즐기고 오는 일정을 찾아야 한다. 그렇다고 수박 겉핥기식으로 많은 곳을 방문하는 일정은 별로다. 동유럽의 정수를 느낌 있게 즐기는 그런 일정이면 좋겠다. 동유럽의 매력은 중세의 모습을 온전히 느낄 수 있는 체코와 음악과 자연을 사랑한 오스트리아를 빼놓을 수 없다. 그리고 유럽의 관문이라는 헝가리를 놓치고 싶지는 않지만 짧은 휴가를 감안하여 헝가리는 크로아티아를 비롯한 발칸 지역을 여행할 때 보기로 하자. 마찬가지로 불가리아와 루마니아도 다음 여행으로 미뤄둔다. 폴란드는 동선이 늘어지는 것에 비하여 상대적으로 매력이 떨어지는 점을 고려하여 러시아 여행 때 함께 보기를 기약하며 버킷 리스트 귀퉁이에 적어둔다. 이렇게 이런저런 이유로 동유럽 여행은 8박 9일로 핵심 두 개국인 오스트리아와 체코를 다녀올 수 있는 루트를 권한다.

### 짧은 5일 휴가로 즐기는 동유럽 일정 추천

많은 사람이 꼽는, 유럽을 가지 못하는 이유가 시간을 내가 어렵다. 그렇다. 우리는 더 많은 휴가가 필요하다. 하지만 현실은 아직이다. 그렇지만 5일 휴가를 9일처럼 만들어낼 수 있다. 토요일에 출발해서 9일간 여행을 마치고 그다음 주 일요일에 귀국한다면 볼 것 많은 유럽 여행도 다녀올 만하지 않을까? 물론 동유럽 구석구석을 보면서 느끼고 즐기기에는 턱없이 부족한 일정이지만 그런 호사는 다음에 누리기로 하고 이번 여행에는 우선 앞에서 말한 동유럽의 핵심을 즐겨보는 것으로 하자. 오스트리아에서는 볼프강 아마데우스 모차르트(Wolfgang Amadeus Mozart)가 생각나는 잘츠부르크(Salzburg)와 아름다운 호수마을 할슈타트(Hallstatt), 합스부르크(Habsburg)와 예술의 도시 빈(Wien)과 그 주변을 즐기는 일정을 추천한다. 체코에서는 연인의 도시 프라하(Praha)와 유네스코가 인정한 중세 마을 체스키크룸로프를 가보자. 도시 문화와 역사 그리고 자연과 예술을 즐길 수 있는 일정이다.

## 1일 차, 아침 먹고 출발해서 저녁은 빈에서

오스트리아의 빈은 인천공항에서 직항 노선으로 운항하는 곳이다.
가고 싶은 곳이 많아서 일정이 짧게 느껴지는 곳이니 상대적으로 비
싸지만 직항을 추천한다. 사전 구매 등을 통해 경비를 최대한 절약하
는 지혜를 발휘한다면 더욱 좋다. 참고로 항공권 예매는 300일 전부
터 가능하다. 대한민국보다 7시간이 늦은 동유럽의 시차는 12시간의
거리를 5시간 만에 도착한 것 같은 시간 절약 효과를 누리게 해준다.
설레는 마음에 잠도 설치고 아침을 먹는 둥 마는 둥 하고 정신없이 탑
승 수속과 출국 수속을 마치고 비행기에 탑승 완료. 12시간 동안 알
낳는 닭처럼 한자리에 앉아서 먹고 보다가 졸기만 했는데도 프라하에
도착해서 짐을 풀고 나면 졸리고 피곤하다. 현지 시각으로 저녁 8시
쯤이지만 한국 시간으로는 한밤중이니 당연하다.

그러나 바로 자는 것은 좋은 여행을 위하여 추천하지 않는다. 유
럽 여행 특히, 이렇게 짧은 여행 일정에서는 시차 적응이 매우 중요하
고 그것은 대개 첫날 결정된다. 우리 몸은 한국 시간에 맞춰져 있다.
한국이 한밤중이기에 잠을 요구한다. 그러나 "로마에 가면 로마의 법
을 따르라"는 말이 있다. 여기는 동유럽이고 아직 저녁이다. 지금 자
면 새벽에 깨서 내일도 힘든 하루를 보내야 한다. 어쩌면 돌아가는 날

에야 시차 적응을 하게 될 수도 있다. 가볍게 산책하는 느낌으로 주변 분위기를 탐색해보자. 그리고 내일 일정을 구상하며 가볍게 와인 한 잔을 추천한다. 너무 무리하지는 말고 현지 시각으로 11시 정도에 잠자리에 드는 것이 좋다. 술을 안 하는 사람은 반신욕이나 샤워로 몸을 따뜻하게 하는 것이 숙면에 도움이 된다. 제시간에 자는 것이 일찍 자는 것보다 숙면을 할 수 있어서 좋다. 이런 방법으로 자다 깨서 뒤척이는 밤을 피할 수 있다.

## 2일 차, 쇤브룬 궁전 vs 벨베데레 궁전

### 허니문 여행의 필수 코스로 제격인 쇤브룬 궁전

오스트리아의 역사는 곧 합스부르크 가문의 역사라고 해도 과언이 아니다. 쇤브룬 궁전(Schönbrunn Schloss)은 이런 합스부르크 왕가의 여름 별장이며 오스트리아의 베르사유(Versailles)라고 불릴 정도로 아름답다. 19세기 초반까지만 해도 합스부르크 가문은 프랑스의 부르봉(Bourbon) 왕가와 함께 사실상 유럽 정치 권력의 중심이었다. 그중에 합스부르크 가문의 마리아 테레지아(Maria Theresia)여제는 굉장히 흥미로운 인물이다. 그녀의 권력은 황제나 다름없었으나 실제로는 황제가 되지 못했다. 공식적인 직함은 그냥 황후다. 18세기 합스부르크 가문의 유일한 상속자였지만 여성은 왕위를 계승할 수 없다는 살리카법에 따라야 했기 때문이다. 하지만 모든 실질적인 권력은 마리아 테레지아에게 있었다. 마리아 테레지아는 한 번도 왕도의 수업을 받은 적이 없는 그냥 미인으로 소문난 공주였다. 그럼에도 마리아 테레지아는 합스부르크의 상속자가 된 후 능수능란한 외교 수완을 보였다. 그녀는 프랑스와 적대 관계인 영국과 손을 잡거나 적절한 정략결혼 등을 지혜롭게 활용했다. 그 결과 신성로마제국 황제 자리를 노리던 수많은 정적을 물리치고 합스부르크 왕가를 굳건히 지켜냈다.

한편 남편인 프란츠 1세(Francis I)는 '외조의 왕'이었다. 그는 명예뿐인 황제직에 만족했다. 그리고 정치 대신 자신이 좋아하는 자연과학 분야에서 여러 업적을 이뤘다. 쇤브룬 궁전의 정원과 식물원, 동물원도 그가 만든 것이다. 이들은 정략결혼이 판치던 당시에 특이하게 연애결혼을 했다. 그리고 슬하에 무려 열여섯 명의 자녀를 두었다. 마리아 테레지아는 정치에서 소외된 남편의 자존심을 건드리지 않기 위해 평생을 조심하면서 살았다고 전해진다. 그리고 남편과 사별한 후에는 무려 16년간이나 상복을 벗지 않고 애도를 했다.

만약 부부간의 각별한 사랑과 믿음이 없었다면 마리아 테레지아가 그렇게 성공적으로 합스부르크 가문과 영토를 지켜낼 수 있었을까?

● 쇤브룬 궁전

● 쇤브룬 궁전의 천장

이 부부를 본받을 수 있다면 육아 문제나 자존심 때문에 다투는 일은 피할 수 있을 것 같다. 이러한 이야기들이 담겨 있는 쉰부룬 궁전을 허니문 여행의 필수 코스로 넣으면 좋을 것 같다.

### 화가를 사랑한다면 벨베데레 궁전으로

오스트리아를 대표하는 화가 구스타프 클림트(Gustav Klimt)와 에곤 실레(Egon Schiele)의 작품을 감상하고 싶다면 벨베데레 궁전(Belvedere Schloss)이 제격이다. 이곳에 가면 클림트의 〈키스〉와 실레의 몽환적인 작품을 즐길 수 있다. 미술과 음악을 사랑하는 사람에게 빈만큼 좋은 여행지도 없으니 마음껏 향유하기를 바란다.

취향에 따라 두 궁전 중 하나를 골라 구경하고 오후에는 자유롭게 케른트너 거리(Karntner strasse)에서 커피를 즐기거나 슈테판 대성당(Stephan Sdom), 오페라극장에서 보내는 것을 추천한다. 그런데 벨베데레 궁전과 쉰브룬 궁전 둘 다 보면 안 될까? 안 될 건 없다. 단 모든 일에 한계효용이란 것이 있게 마련이다. 경복궁과 덕수궁을 연속해서 본다면 어떨까 생각해보라. 만약 예술품 감상 등의 이유로 둘 다 꼭 봐야 한다면 우선순위와 집중도를 조절해서 보도록 하자.

그리고 빈에서 클래식 공연을 경험하고 싶다면 낮에 조금 쉬어두자. 공연장에서 졸음과 싸우는 사람이 많다. 아마도 편안한 음악이 피곤한 심신에 휴식을 주기 때문이리라. 빈과 잘츠부르크의 공연 비용은 프라하 대비 비싼 편이니 참고하기 바란다. 그리고 실질적인 여행의 첫날이다. 매우 피곤한 상태이니 무리 해서 강행하지 말자.

● 벨베데레 궁전

# 커피 문화의 원조인 빈을 즐기자!

## 오스트리아의 고급스러운 카페 하우스

"빈은 사람들이 앉아 커피를 마시는 카페 하우스들을 둘러싸고 지어진 도시다."
— 독일의 극작가이자 시인 베르톨트 브레히트(Bertolt Brecht)

커피를 좋아한다면 고급 커피 문화의 원조격인 빈의 커피 문화를 카페 하우스에서 즐겨보는 것을 추천한다. 오스트리아 빈의 영어 이름이 비엔나라는 것은 익히 들어봤을 것이다. 그리고 커피에 관심이 있다면 한 번쯤은 '비엔나커피'에 대해서도 들어보았을 것이다. 그런데 비엔나에는 정작 비엔나커피가 없다.

그것은 사실 비엔나커피의 원래 이름이 아인슈페너(Einspaänner)이기 때문이다. 해석하자면 '한 마리 말이 이끄는 마차'라는 뜻이다. 참고로 비엔나커피의 시초는 마차에서 내리기 힘들었던 옛 마부들이 한 손으로는 고삐를 잡고 한 손으로는 설탕과 생크림을 듬뿍 얹은 커피를 마시면서 시작되었다.

일반적으로 비엔나커피라고 불리는 이유는 오스트리아의 빈에서 유래한 커피이기 때문이다. 그런데 정작 빈에 가서 비엔나커피를 주문하면 점원들은 못 알아듣는다. 비엔나커피라는 명칭이 본래 미국, 영국 등 영어권 국가 사이에서 불리는 것이지 독일어를 사용하는 오스트리아 현지에서는 비엔나커피라는 말을 사용하지 않기 때문이다.

오스트리아 거리 곳곳에서 볼 수 있는 카페 하우스는 안으로 들어서는 순간 집에 온 듯한 편안함을 느끼게 되는 곳이다. 공간은 널찍하지만 친밀하며 편안하다. 대리석 테이블 주변의 플러시 천을 씌운 좌석과 세공된 마룻바닥 위의 고급스러운 전통 나무 의자가 있다. 그리고 부드러운 빛을 반사하는 거울이 고즈넉이 자리하고 있다. 세월에 닳아서 정말 작품이 된 가구로 꾸며진 일부 카페 하우스는 말로 표현하기 어려운 분위기를 자아낸다. 만일 카페하우스에 간다면 커피와 함께 즐기는 디저트 중 가장 유명한 살구잼을 바른 초콜릿케이크 '자허토르테(Sachertorte)'를 꼭 맛보길 추천한다.

## 모차르트가 마신 커피

자유 일정 중 콜마르크트(kohlmarkt) 거리나 호프부르크(Hofburg) 왕궁 방문 계획이 있다면 카페 자허(Sacher)와 라이벌이라 할 만한 카페 데멜(Demel)에 들러서 잠시 달콤한 휴식의 추억을 만들어보자. 눈치 챘겠지만 데멜은 콜라르크트 거리에서 호프부르크 사이에 자리 잡고 있다. 보통 운영 시간은 9시에서 19시이며, 디저트 만드는 주방의 모습을 직접 볼 수 있고 사진도 찍을 수 있다는 점이 요즘 말로 '개이득'이다. 주의해야 할 것은 비어 있는 자리 중 맘에 드는 자리가 있다고 덥석 앉지 말고 종업원이 와서 안내해줄 때까지 기다리는 매너를 보여줘야 한다는 것이다.

먹는 방법을 알아보자. 제법 중독적인 맛을 지닌 커피인 '아인슈페너'는 세 가지 맛을 볼 수 있는 커피다. 첫 한두 입은 차가우면서 부드럽고 달짝지근한 크림 맛을,

두세 번째 모금에는 진하고 씁쓸한 커피가 크림 아래로 흘러들어 느끼함을 중화시켜준다. 이렇게 서로 조화를 이뤄 카페라테나 커피 우유와는 다른 묘한 맛을 낸다. 또 반 이상 마시고 난 후에 흔들어 마시면 카페라테보다 더 진한 맛을 볼 수 있다. 사실 아인슈페너의 역사가 아메리카노보다 오래됐기 때문에 빈에서 정통 아인슈페너를 시키면 에스프레소에서 조금 덜 쓴 정도로 희석한 커피를 준다.

오스트리아는 아인슈페너 이외에도 유명한 커피가 많은데, 커피와 술을 섞어 먹는 알코올 커피도 그중 하나다. 아인슈페너에 럼주를 섞어 마시는 것인데 모차르트가 즐겼다고 한다. 여행 온 지 이제 겨우 이틀째인데 한국에서의 시간이 아련히 멀게 느껴지고 몽롱한 오후에는 편안한 분위기의 카페 하우스에서 지친 다리도 쉬고 그 옛날 모차르트와 마리 앙투아네트(Marie Antoinette)가 마셨을 아인슈페너와 디저트를 즐기며 멍때리는 시간을 가져보면 좋은 경험이 될 것이다. 그 이유는 이곳이 빈이기 때문이다. 혹시 여유가 있다면 디저트를 포장해서 맥주나 와인과 함께 밤참으로 즐기는 것도 좋다.

### 3일 차, 오스트리아의 대표 휴양지 할슈타트

빈의 시간을 서둘러서 마무리함은 잘츠캄머구트(Salzkammergut) 지역의 백미라 할 수 있는 아름다운 호숫가 마을 할슈타트에서 영혼의 힐링을 맘껏 즐기기 위함이다. 가는 길은 두 가지로 기차를 타다 배로 갈아타는 방법과 버스로 가는 방법이 있다.

들어갈 때는 버스로, 나올 때는 배 + 기차도 좋다. 할슈타트에서 소금광산 투어를 할 생각이라면 도착하자마자 서둘러서 투어 시간을 확인하고 예약하자. 총 3~4시간이 소요되니 여유 있게 준비해야 한다. 그리고 투어를 한다면 저녁을 먹고 떠나야 할 것이다. 반대로 소금광산에 가지 않는다면 좀 더 여유를 누릴 수 있다. 작은 배를 타고 호수의 정취를 즐기며 인생샷을 찍는 것도 해볼 만하다. 물론 야외 카페에서 따뜻한 햇살과 맑은 공기를 맘껏 누리며 호쾌하게 맥주잔을 부딪

● 할슈타트

치는 경험도 멋진 추억이 될 것이다. 할슈타트의 시간을 마무리하고 잘츠부르크에 도착해서 시간이 된다면 게트라이데(Getreidegasse) 거리로 나가보자. 하루로는 부족할 정도로 볼거리가 풍부해 내일 밤에 또 오고 싶어질 것이다. 보행자 전용 거리인 이곳은 잘츠부르크에서 가장 번화한 거리로 기념품 가게와 레스토랑, 명품숍 등이 늘어서 있다. 모차르트 생가도 이 거리에 있다.

## 4일 차, 소금의 요새 '잘츠부르크'

오전에는 잘츠부르크 도시의 랜드마크를 보자. 산책하는 느낌을 즐길 수 있는 미라벨 궁전(Mirabell Schloss)에 갈 때 커피 한 잔을 준비해 가서 벤치에 앉아 여유를 부려보는 것도 좋다. 호엔잘츠부르크성(Hohensalzburg Festung)을 올라갈 때는 푸니쿨라(Funicular)를 이용하자. 푸니쿨라는 레일 위에 설치된 차량을 밧줄을 통해 견인하여 운행하는 강삭철도 방식으로 케이블카라고 부르기도 한다. 호엔잘츠부르크성에 올라가면 알프스의 만년설에 쌓인 봉우리들이 가까워 보인다. 사진도 이쁘게 나온다.

독일어로 소금은 Salz인데, 잘츠부르크의 철자인 'Salzburg'를 보면 문자 그대로 소금성(Salt Castle) 또는 소금 요새(Salt Fortress)라는 의미가 담겨 있다는 것을 알 수 있다. 중세시대에는 소금이 황금과 같은 대접을 받았기에 잘츠부르크는 매우 부유한 도시였다. 그러다 보니 주변국의 침략에 관한 대비를 하여야 했고, 집들은 강을 둘러싼 요새와 같은 역할을 하는 모양으로 지어졌다. 이것은 성 안에 전시된 도시 모형을 보면 한눈에 알 수 있게 된다. 돌아가는 길에는 언덕의 둘레길을

● 호엔잘츠부르크성

즐기며 천천히 걸어 내려오면서 잘츠부르크 시내 전경과 골목길을 살펴보자. 오후 시간엔 게트라이데 거리와 광장 등을 즐기며 잘츠부르크의 시민이 되어보자. 과일, 케이크, 맥주 등을 사서 짧은 일정을 아쉬워하며 수다를 떨 밤을 준비하는 것도 좋다.

### 5일 차, 중세의 시간으로 체스키크룸로프

동유럽을 여행하다 보면 거리는 그렇게 멀지 않은데 교통편이 매끄럽지 않은 구간을 만나게 된다. 잘츠부르크에서 체스키크룸로프 구간이 그러하다. 여행사의 반자유 여행 상품을 이용해 이동할 경우, 중간에 몬트제(Mondsee) 호수까지 즐길 수 있는 호사를 누릴 수 있지만, 이동 수단이 정해져 있지 않다면 색다른 이동 수단을 이용해보자.

우리나라의 '타다'와 유사한 서비스라고 할 수 있는데 도어 투 도어

● 체스키크룸로프

(Door to door) 서비스가 있다. 사전에 예약 가능하며 차량의 크기와 이
동 거리에 따라 요금이 정해진다. 가족 여행 갔을 때 네 명 + 가방 4개
를 10만 원 정도에 이용했으니 나쁘지 않았다. 무엇보다 짐을 옮기고
기다리고 하는 스트레스에서 벗어나는 것도 좋았다. 기사가 멋진 훈
남 청년이었던 것도 기억에 남는다.

체스키크룸로프의 여행 주제는 단순하다. 유럽의 '중세 체험'이다.
최대한 여유를 갖고 가볍게 즐기자. 짐은 숙소에 두고 간단한 휴대용
품만 챙겨 소풍처럼 즐기면 된다. 혹시 밤에 와인 한 잔, 그것도 숙소
에서 여유롭게 즐기고 싶다면 상점들이 문을 닫기 시작하는 8시 전에
미리 사두어야 한다. 그 외에 다른 주의 사항은 기념품을 너무 많이
사지 말자 정도다. 물가 비싼 오스트리아에서 온 가난한 여행객은 갑
자기 저렴한 세상에 눈이 휘둥그레질 수 있지만 기억하라. 여기는 유

명 관광지다. 그리고 우리에겐 아직 프라하가 남아 있다.

오늘은 밤이 하얗게 될 때까지 체스키크룸로프가 선사하는 중세의 밤을 누리자. 한적하고 저렴한 숙소를 원한다면 구시가의 관광지 안에 있는 숙소보다는 구시가 맞은편으로 걸어서 15분 정도 거리의 언덕에 위치한 민박집을 추천한다. 대개 여행객들이 당일 일정으로 다녀가는 이곳에서 1박 하는 일정을 추천하는 이유는 중세 유럽의 동화 속 분위기를 충분히 즐기기를 바라는 마음 때문이다. 그러한 느낌을 많이 경험할 수 있으려면 숙소의 위치 선정도 중요하다. 이곳 거주지역의 민박집에서는 구시가의 정경이 한눈에 들어온다. 체크인을 마치고 언덕길을 내려갈 때 보이는 아름다운 정경은 올라오느라 힘들었던 기억을 잊기에 충분하다.

그리고 아침에 일어나 창문을 열고 상쾌한 시골 공기를 마실 수 있다. 이렇게 그림같이 아름다운 중세의 모습을 몸과 마음으로 경험하는 것이야말로 체스키크룸로프가 주는 가장 훌륭한 선물이다. 내가 여행 갔을 때 잡은 숙소는 침실과 욕실이 2개 그리고 거실과 주방까지 갖춘 2층 전체가 1박에 15만 원 정도였다. 신선한 우유와 직접 구운 빵, 계란프라이를 훈훈한 미소로 준비해 주신 민박집 노부부의 따뜻함이 지금도 마음 깊이 남아 있다.

### 6일 차, 연인의 도시 프라하 입성!

체스키크룸로프에서 프라하까지는 버스로 약 2시간 이동해야 한다. 스튜던트 에이전시(student agency) 홈페이지를 이용해 교통수단을 예약할 수 있다. 더불어 한국에서도 예약할 수 있어 편리하다. 이곳에

● 프라하성

서 예약한 버스의 특이한 점은 버스에 안내원이 있다는 점과 좌석마다 모니터가 있다는 점이다. 그리고 간단한 음료, 쿠키 등을 먹을 수 있으며 판매도 한다는 것이다.

　프라하에 도착하여 숙소로 이동할 때는 짐을 들고 대중교통을 이용하여 에너지를 너무 소비하는 것보다는 안전하게 택시를 이용하자. 이른 시간이라 체크인이 되지 않는다면 짐 보관 서비스를 이용하고, 체크인을 마쳤다면 드디어 프라하 입성이다. 일단 랜드마크를 만나자. 숙제를 다 해야 마음 편하게 놀 수 있는 것과 같은 효과를 무시할 순 없다. 프라하의 랜드마크라면 역시 카를교(studentagency), 프라하성, 성 비투스 대성당 그리고 화약탑(Powder tower)과 올드타운 광장의 천문시계를 빼놓을 수 없다. 그 외에도 볼 것이 너무나 많은 프라하도 지혜롭게 즐긴다면 여유를 찾을 수 있다. 우선 밤에 볼 것들 즉 야경이 아름답거나 밤 문화를 즐기기 좋은 곳은 따로 떼어놓고 기운 팔팔한 낮에는 역시 걷는 코스를 우선 봐두자.

프라하성과 성 비투스 대성당을 가기 위해선 카를교를 지나야 한다. 카를교는 많은 관광객이 몰리는 명소라 낮에는 사람들이 더 많아진다. 따라서 관광객이 몰리는 시간에는 카를교를 그냥 슬렁슬렁 지나쳐 걷자. 카를교는 돌아오는 길에 또 와야 하고 다른 곳에 갔다가도

● 프라하의 거리

또다시 오게 되는 곳이다.

우선은 체력을 아껴서 프라하성과 성당 그리고 황금소로(Golden lane)에 집중하자. 황금소로까지 다 보고 내려오다 보면 시간도 많이 지났고 몹시 지친 상태가 된다. 강가의 전망 좋은 식당에서 커피를 즐기며 잠시 쉬어가자. 위치가 좋은 곳은 가격도 비싸거니와 자리를 잡는 것도 만만치가 않다. 좋은 전망을 즐기며 쉬고 싶다면 조금 서두르자. 커피를 마시면서 '이제는 무얼 할까?' 이런 생각이 든다면 여행을 잘 즐기고 있는 것이다.

프라하는 볼 것이 많은 곳이다. 어차피 뛰어다녀봐야 다 못 본다 생각하고 차라리 여유를 즐기자. 카를교가 아름다워야 하는 것은 내가 있기 때문이다. 그러니 뛰어다녀야 하거나 먹는 즐거움을 느끼지 못할 정도로 바빠서 마음의 평화를 파괴하는 일정은 만들지 말자.

# 스카이라인, 쇼핑, 공연, 내 맘대로 즐기는 프라하의 별미

## 여유로운 프라하의 밤은 어떨까?

프라하의 밤을 즐길 수 있는 밤도깨비 루트를 소개한다. 어떤 여행으로 어디를 가든지 밤은 나의 시간이 될 것이다. 귀하게 허락된 시간을 특별한 추억으로 간직하고 싶다면 현지의 사전 지식이 도움이 된다. 저녁부터 한밤까지, 프라하의 각별한 추억을 추천한다. 여행에서의 밤은 직장인에게 연말 보너스 느낌이다. 그러나 밤까지 일정을 계획해 실행하려 하다 보면 너무 빡빡한 여행이 될 수도 있다. 그저 마음 내키는 대로 구름에 달 가듯이 여행을 즐기기 위해서 마음만이라도 한가한 척 여유를 부려보자. 사전에 "무엇을 할까?", "그곳에는 어떤 일들이 있을까?"를 준비는 하고 가되, 막상 현장에서 즐길 때의 마음은 아무것도 안 하고 그저 프라하에 있다는 것을 느끼는 것만으로 좋다는 생각이 나만의 여행을 위한 첫걸음이다.

보고 싶은 것들을 더 봐도 좋고 시계탑 꼭대기 전망대에 올라 아름다운 프라하의 스카이라인을 보는 것도 좋다. 그리고 거미줄처럼 얽혀 있는 복잡한 골목길에 끝없이 이어진 아기자기한 상점들을 둘러보는 재미도 쏠쏠하다. 골목 가게 탐방은 그냥 기웃거리는 것도 나쁘진 않지만 목적을 정해놓고 둘러보면 더욱 흥미 있는 시간을 보낼 수 있다. 이를테면 "모자만큼은 프라하에서 제일 좋고 맘에 쏙 드는 것을 골라봐야겠다"라고 생각하고 열심히 찾아서 구입한 모자는 평생의 이야깃거리가 되는 동시에 나만의 프라하를 추억하는 '최애' 모자가 되어줄 것이다. 그리고 낮에 구시가를 다니다 보면 공연을 홍보하는 팸플릿을 나눠주며 호객하는 사람들을 보게 될 것이다. "뭐야?" 하면서 놀라서 피하지 말고 팸플릿을 일단 받아두자. 오늘 밤이나 내일 저녁에 공연을 즐기는 것도 괜찮을 것이다. 오스트리아보다 저렴하다.

저녁 식사는 구시가 광장 주변에서 지친 다리를 어루만지며 맥주를 즐기는 것도 좋다. 이곳의 야외 테이블에서 즐기는 저녁 식사는 오고 가는 다양한 사람들의 표정과 왁자지껄한 거리의 풍경이 여행 느낌을 풍부하게 한다. 혹시 공연을 예약했다면 조금 깔끔한 옷을 준비했기를 바란다. 물론 대부분 관객이 관광객들이다 보니 복장 규정이 까다롭지는 않다. 그러나 복장은 마음을 움직이는 힘이 있다. 나 자신의 좋은 관람 추억을 위해 어느 정도 준비해두면 좋다. 그래서 밤에 뭘 하라는 거냐는 의문이 생길 수 있다. 안 가본 곳을 설명하는 이야기가 귀에 들어오지 않는 것은 어쩌면 당연한 일이다.

● 프라하의 저녁 식사

## 프라하의 밤을 준비하는 오후의 자세

그러면 프라하의 밤을 이렇게 보내면 어떨까를 오후 시간부터 꿰어보자. 우선 본격적인 어슬렁 시간을 시작하기 전에 시계탑 전망대에 올라 프라하, 특히 구시가의 스카이라인을 즐기며 골목들이 어떻게 얽혀 있는지를 봐두면 좋다. 그러고 나서 구시가 골목길에 빼곡히 들어찬 작고 이쁜 가게들을 둘러보자. 이때는 살 것들이나 목적을 갖고 찾아보고 물어보고 비교해보면서 다녀보자. 그러다가 맘에 드는 것을 발견했거나 못했거나 관계없이 지치고 배고프면 구시가의 야외 테이블에서 맥주 한잔과 프라하 음식을 즐기며 쉼의 시간을 갖자. 이때 지금까지 본 물건들을 일행과 상의하고 평가하는 것도 나름 즐거울 것이다.

식사 후 시간이 허락하고 마음이 내키면 쇼핑을 마무리하고 아니면 다음 시간으로 미뤄둬도 좋다. 그리고 낮에 받은 팸플릿을 참고로 하여 음악회나 공연 감상을 하자. 이번 여행의 이야기보따리에 문화 체험을 넣어두는 시간을 갖고 나면 한밤중이 되어 있을 것이다. 피곤하겠지만 바로 숙소로 가는 것보다는 카를교를 들러보자. 가서 멋진 야경을 휴대폰에 담아보자. 이렇게 바쁜 일정 중에 마음의 여유를 찾는 시간을 갖는다면 어렵게 휴가를 내서 떠난 여행이 더욱 값지게 느껴질 것이다. 그리고 그 시간은 오로지 시간은 오로지 나를 위한 좋은 추억이 되어줄 것이다. 중요한 것은 꼭 해야 할 어떤 일정도 없는 그런 시간을 가져보는 것이야말로 프라하를 온전히 느낄 수 있는 방법이다. 나만의 프라하를 만나고 싶다면 한번 해보라.

## 유럽의 3대 야경, 프라하의 밤과 인생샷

밤거리를 다니다 보면 카를교를 다시 찾게 될 것이다. 그리고 많은 사람이 있음에 놀랄 것이다. 그렇다. 이곳은 바로 유럽에서 가장 아름다운 야경 중 한 곳이다. 어스름한 푸른 빛이 감도는 검은 하늘 아래 은은한 조명에 빛나는 프라하성과 카를교의 아름다움은 오랫동안 기억될 멋진 추억이 될 것이다. 이 멋진 추억을 두고두고 꺼내보고 싶고 또 함께 못 온 사랑하는 사람들에게 자랑하며 보여주고 싶어서 사진을 찍는다. 그런데 내 맘 같지 않다. '야경 촬영법을 조금 배우고 올걸' 하는 생각이 드는 때가 딱 지금 여기 프라하의 밤이다. 이미 배우기는 늦었고 안타까울 그대에게 응급처치 방법을 소개한다.

야경을 이쁘게 촬영하고 싶다는 의미는 대부분 나도 잘 보이고 뒷배경도 잘 나와야 한다는 것인데, 플래시를 터트리면 뒷배경이 죽고 그냥 찍으면 내 얼굴이 잘 안 보이는 것이 문제. 응급처치 방법은 이렇다. 일행이 셋 이상이라면 찍히는 사람 그리고 촬영하는 사람 그리고 조명, 이렇게 돌아가면서 역할을 분담해서 촬영하면 된다. 이때 조명 담당은 휴대폰 플래시로 찍히는 사람의 얼굴을 비춰줄 때 가급적 옆이나 아래 방향에서 비춰주길 바란다.

일행이 둘이라면 촬영자가 한 손은 조명용 휴대폰으로 아래에서 위 방향으로 찍히는 사람을 비춰주고 한 손으로 촬영을 하면 된다. "혼자 여행 왔다고요?" 혼자라고 슬퍼하지 말자. '드디어' 여행지에서 나의 야경 촬영 기법을 뽐낼 기회가 생긴 것이다. 주위의 여행객 중에 맘에 드는 사람, '특히' 안전해 보이는 사람에게 조명을 부탁해보라. 당신의 촬영 방법에 놀라고 방법을 알게 되어 고마워할 것이다. 아마 "Are you Korean?", "Yes!", "엄지척"의 대화가 오고 갈 수도 있을 것이다.

## 7일 차, 나만의 코스대로 자유롭게 즐기자

어젯밤 늦게까지 수고한 발과 무릎이 원기를 회복하고 상쾌한 아침을 맞이하기를 바라는 마음이 간절한 날이다. 이런 마음이 드는 것은 벌써 집에 돌아갈 날이 가까이 왔기 때문이다. 몸은 지치고 마음은 급할 수 있는 날이다. 그래서 오늘은 여유를 갖고 보낼 수 있도록 하기 위해 어제 바쁜 일정으로 하루를 움직였던 것이다. 프라하의 랜드마크와 야경을 마음에 담았으니 오늘 하루는 꼭 해야 할 것이 없는 것처럼 어슬렁거리듯 부담 없는 여행을 즐기기를 바란다.

휴대폰과 보조 배터리 그리고 카드와 비상금만 휴대하고 최대한 가벼운 차림으로 골목을 나서보자. 혹시 주변의 작은 마을들을 소풍으로 즐기고 싶다면 독일 남부의 문화와 상업의 중심지인 드레스덴(Dresden)이 차로 2시간 거리에 있다. 그리고 체코의 맥주에 관심이 있다면 1시간 30분 거리의 플젠(pilsen)의 맥주 공장 투어를 다녀와도 좋겠다. 그냥 이쁘고 작은 마을을 좀 더 보고 싶다면 1시간 40분 거리에 있는 온천마을 카를로비바리(Karlovy Vary)를 추천한다. 이곳은 먹을 수 있는 온천수로 유명한 곳으로 파스텔 톤의 마을이 이뻐서 사진으로 담아두기에 좋은 곳이다. 저녁 무렵의 야경이 멋진 곳이니 방문 시간을 고려하면 좋다. 현지 여행사에서 플젠과 카를로비바리를 함께 투어하는 원 데이 투어(one day tour)를 운영하고 있으니 사전 예약하여 이용하면 편안한 소풍을 즐길 수 있다. 만일 여행사의 반자유 여행을 누리는 중이라면 이용 중인 차량으로 원하는 곳을 선택해 편하게 관광을 즐길 수 있을 것이다.

벌써 마지막 밤이다. 오늘 밤엔 일찍 자기 어려울 것이다. 야식으로 먹을 것과 마실 것을 장만하는 것은 지혜로운 유럽 여행 사용법이라고 할 수 있다. 혹시 아직까지 컵라면이 남아 있다면 그것은 금라면 취급을 받을 것이다.

## 8일 차, 카를교에서 아침을 열다

벌써 동유럽 여행의 마지막 아침이다. 마지막 아침은 반드시 카를교를 추천한다. 조금 피곤하더라도 아침 식사 전에 짬을 내서 여행을 정리하는 시간을 갖는 산책을 추천한다. 아침 이른 시간은 프라하 강변과 조용한 구시가 골목길 그리고 한가한 카를교를 독점한 듯 누릴 수 있는 유일한 시간이다. 지나가다 마주치는, 산책 중인 프라하 시민들과 애견들에게 "도브레 라노(Dobre rano)!"라며 정겨운 아침 인사도 건네보자. 상쾌한 프라하의 아침을 깊이 들이쉬며 체코와 오스트리아의 추억을 마음 한자리에 고이 모셔두는 시간은 오랫동안 그대의 영혼을 따듯하게 해줄 것이다.

고국으로 출발하는 비행기는 보통 저녁 6~8시 사이 출발이다. 대개 호텔 체크아웃 시간이 11시이고 공항에는 4시간 전에 도착하면 되니 2시까지는 자유 시간이 허락된다는 말이다. 체크아웃 후 짐은 호텔에 맡겨두자. 오늘은 못 해서 아쉬운 것보다는 못 사서 아쉬운 것이 많을 날이다. 쇼핑도 즐기고 차도 한잔 마신다면 좋겠다. 그리고 부치는 짐에 넣어야 하는 쇼핑 거리는 어제까지 구매를 마쳤기를 바란다. 어렵게 싸서 닫은 큰 짐을 호텔 로비에서 다시 푸는 일은 그리 유쾌한 경험이 아니다. 참고로 액체나 흉기가 될 만한 것들은 들고 탈 수 없다. 대부분 화장품은 액체로 구분된다. 그리고 용기 안의 내용물이 눌

러서 형태가 바뀐다면 부치는 짐에 넣어야 한다고 생각하면 거의 맞다. 그리고 가급적 호텔에서 2시에는 출발한다고 생각하고 준비하는 것이 좋다. 항상 자투리 시간이 발생하는 것이 여행의 속성이다.

이렇게 하는 것은 "지금 그걸 하면 어떻게 해?"라며 소중한 사람에게 나도 모르게 화를 내지 않도록 주의하기 위함이다. 여유 있는 시간표를 준비한 사람은 "괜찮아, 서두르기를 잘했네"라며 일행에게 편안한 위로를 선물해줄 수 있게 된다. 비행기가 이륙할 때까지 정신 잘 챙기고 출발했다면, 기내식은 패스하거나 간단히 먹고 푹~ 자기를 바란다. 쌩쌩하게 귀국해야 선물 나눠주며 자랑하러 다닐 수 있다.

## 9일 차, 웰컴 투 코리아

어서 와 한국은 오랜만이지? 오늘은 한국 여행 첫날이다. 마찬가지로 시차 적응이 중요한 과제다. 다행히 오후 시간에 도착해서 집에 가면 저녁때가 될 것이다. 아무리 피곤해도 9시 전에는 잠들지 말자. 되도록 원래 자던 시간에 자도록 하자. 식사도 최대한 간단하게 하자. 오랜만에 만나는 반가운 맛에 이끌려 과식한다면 피곤한 몸이 더욱 힘들어할 수 있다. 간단한 저녁 식사를 마치고는 짐과 선물들을 정리하기 전에 일단 잘잘 준비를 다 해놓으면 좋다. 짐 정리하다 잠들 가능성이 크기 때문이다. 이번 여행은 기간이 긴 여행이었으니 넉넉한 마음으로 최대한 여유를 부리며 나와 우리를 위한 여행을 소중한 사람과 함께 누려보기를 추천한다.

# '맥주 가든'에서 유럽 사람들처럼 맥주를 즐겨보자!

**"생맥주 한 잔요"보다 "여기 추천 맥주는 뭔가요?"**

여름철에 동유럽 여행을 다니다 보면 야외의 나무 그늘에서 시원하게 맥주를 즐기는 사람들을 자주 볼 수 있다. 이런 장소를 '맥주 가든'이라고 하며, 곳곳에 맥주 가든이 생겨난 것은 나름의 이유가 있다. 과거 유럽의 맥주 제조업자들은 여름에도 맥주의 이상적인 발효 온도인 4도에서 8도 사이를 유지하고 시원하게 보관하고자 지하 깊은 곳에 맥주 창고를 만들고 1년 내내 얼음을 넣어 보관했다. 또 온도를 낮추기 위해 그 위에는 밤나무를 심고 땅 위에는 자갈을 뿌려 놓았다. 곧 밤나무 그늘에는 맥주 테이블이 놓였고, 자연스럽게 맥주 가든 문화가 탄생했다.

오스트리아에서는 "생맥주 한 잔요!"라는 말보다 조금 더 길게 주문해보자. 왜냐하면 지금 나는 오스트리아를 여행 중이니까. 오스트리아의 거의 모든 맥줏집에서 각양각색의 다양한 생맥주를 판매한다. 너무 많아서 고르기 어렵다면 직원에게 "바스 쾨넨 지 엠프페에렌(Was konnen Sie empfehlen, 추천해주실 수 있나요)?"라고 해보자. 반갑게 미소 지으며 가장 자신 있는 맥주를 추천해줄 것이다! 오스트리아 맥주를 대략 구분해보면 이렇다.

- 매르첸(Märzen): 균형 잡힌 맥아향, 약간 씁쓸한 홉 향, 밝은 색.

- 풀 스트렝스(full strength): 발효, 강한 홉 향, 밝은색의 맥주.

- 스페셜 비어(Special beer): 최하 12.5도의 오리지널 맥아로 만든 맥주.

- 바이첸(Weizen): 밀 맥아분 최소 50퍼센트를 이용해 만든 맥주.

- 츠비켈(Zwickel): 불용성단백질과 효모균으로 필터링을 하지 않고 탁하게 만든 맥주.


맥주 종류를 골랐다면 그다음은 사이즈다. 간단하다. 자기 주량과 취향에 맞게 고르면 된다. 혹시 오스트리아 특유의 잔 사이즈 '피프(Pfiff)'가 메뉴에 있을 경우, 한 번 골라봐도 좋을 것이다. 손바닥에도 들어갈 정도로 아주 귀여운 초소형 맥주잔이다. 없는 곳도 있다. 이제 참고로 맥주잔 종류도 알아보자(www.austria.info/kr).


- 피프(Pfiff): 200ml, 특소형.

- 자이델(Seidel), 자이텔(Seitel), 클라이네스(Kleines): 300ml, 소형.

- 크뤼게를(Krügerl), 그로세스(Großes): 500ml, 대형

- 특대형: 1000ml, 소수의 맥줏집 및 지역 축제에서만 제공된다.


## '개도 안 마시는 맥주'에서 탄생한 '라거'

내친김에 체코의 맥주 이야기도 알아보자. 체코 맥주 양조의 역사는 1295년 도시가 설립되는 것과 거의 동시에 시작되었다. 그러나 수 세기 동안 양조되었음에도 그 맛과 퀄리티가 좋지 못했다. 오죽했으면 '개도 안 마시는 맥주'라는 말이 있었다고 한다. 하지만 반전이 있다. 1838년, 시민들이 직접 질 나쁜 맥주가 든 서른여섯 개의 큰 오크 배럴(나무로 만든 둥근 통)을 시청 앞에 모두 쏟아버리면서 질 좋은 맥

주를 요구하는 사태가 벌어졌다. 이 사건은 맥주 양조업자들이 분발하는 계기를 만들었다. 제대로 된 맥주를 한번 만들어보자고 결심한 것이다. 이들은 기존의 맥주 보관 창고에 있던 맥주를 다 버리고 맛있는 맥주를 만들기 전까지 생산을 멈추기로 했다. 그리하여 플젠의 양조업자들은 독일 바바리아(Bavaria)주에서 맥주 양조로 평판이 높은 양조장 요세프 그롤(Josef Groll)을 초청해왔다. 그렇게 탄생한 하얗고 두꺼운 거품과 맑고 투명한 황금빛을 띠는 쌉싸래하면서도 달고 청량한 맥주가 만들어졌다. 세계 최초의 라거 맥주가 탄생한 것이다. 1842년 10월 15일에 탄생한 그 맥주는 현재 전 세계 맥주의 90퍼센트를 차지하는 바로 필스너 우르켈(Pilsner Urquell)이다. 맥주의 역사는 필스너 우르켈을 기점으로 전과 후로 나뉜다고 해도 과언이 아니다. 그 이전에는 맥주라면 탁하고 짙은 에일에 불과했다. 그러나 라거는 투명한 황금빛에 깊고 강한 끝맛, 가벼운 청량감, 부드러운 목 넘김의 매력이 있다. 그러나 한 가지 명심할 것은 맥주를 어떻게 따라 마시느냐에 따라서도 그 맛이 달라진다는 것이다. 우리나라의 '쏘맥'처럼 말이다.

● 프라하의 맥주

## 로망을 실현해주는
## 프랑스위스

### 듣기 좋은 꽃노래도 삼세번?

아무리 좋은 것도 반복되면 식상해질 수 있다. 여행도 마찬가지다. 유사한 일정이 겹치면 어느 한 곳이 빛을 잃고 가치가 퇴색하게 되는 것이다. 그래서 가급적 여행 일정을 잡을 때는 주제가 유사한 지역이 겹치지 않도록 하는 것이 최상의 만족을 유지하는 지혜다. 초보 여행객들이 "언제 또 가겠어"와 "중요하고 좋은 건 놓칠 수 없지"의 함정에 빠지게 되면 "다 좋은데 뭔가 지루했던 것 같네?"라는 뜻밖의 결과에 기대 대비 실망하는 여행을 경험하게 된다. 생각해보라. 유명한 스타들이 많이 출연한다고 영화가 반드시 성공하는 것 아니지 않은가? 오히려 망하는 경우도 있다.

유럽 여행도 마찬가지로 프랑스와 영국을 이어 보거나 짧은 일정에 프랑스와 이탈리아를 함께 보는 일정은 자칫 좋은 여행지를 헛되이 낭비하는 감 떨어지는 일정이 될 수 있다. 같은 이유로 만일 짧은 일정으로 중부 유럽 여행을 가야 한다면 자연과 도시, 쉼과 앎이 어우

러지는 프랑스와 스위스, 일명 '프랑스위스' 일정을 선택하는 것을 추천한다.

### ✈ 프랑스위스 여행 추천 루트

1일 차, 알프스 도착 → 2일 차, 루체른 → 3일 차, 인터라켄, 그린델발트 → 4일 차, 알프스, 쉴트호른 또는 브리엔츠 → 5일 차, 베른, 파리 도착 → 6일 차, 파리 → 7일 차, 라데팡스 또는 루아르 또는 몽생미셸 또는 센강 → 8일 차, 파리 → 9일 차, 귀국

## 1일 차, 패션의 도시 밀라노

스위스로 가는 직항 노선은 운항과 취소를 거듭하다가 코로나19를 맞이했다. 그래서 직항 노선이 운항하고 있는 밀라노(Milano)에서 스위스로 이동해야 한다. 밀라노에서 스위스의 인터라켄까지 열차를 타고 이동하면 차창 밖으로 알프스의 웅장한 모습을 즐길 수 있을 뿐 아니라 장시간 비행의 피로도 풀 수 있는 일석이조의 효과를 얻을 수 있다. 경유지라고는 하지만 그냥 가기는 아쉬운 밀라노. 시차 적응을 위해서라도 짬을 내서 야간 투어를 하자. 멋진 야경도 즐기고 간단한 쇼핑도 한다면 좋을 것이다. 쇼핑 시간을 효율적으로 하고 싶다면 체크인 시간을 최대한 줄이자. 대표 한 사람이 체크인을 책임지고 다른 일행은 거리로 GO~!

## 2일 차, 알프스를 열차로 넘고 골든패스 구간을 즐기자

안녕 밀라노! 짧은 순간을 아쉬워하는 마음은 잠깐이다. 기차는 알프스를 오르고 차창 밖으로 멋진 풍경이 펼쳐진다. 여기저기 들리는 감탄사와 사진 찍는 소리로 왁자한 분위기가 될 것이다. 이때 좋아하

는 클래식 음악을 들으며 차를 마시는 것도 좋다. 차창 밖의 웅장한 알프스가 내 눈에 빛날 때 귓가를 흐르는 아름다운 음악과 따뜻한 차 한 잔은 힐링의 쉼으로 나를 포근히 안아줄 것이다. 알프스의 웅장함에 감탄하다 보면 어느새 호수의 도시 루체른에 도착한다. 여기서 잠시 쉬어가자. 오래된 나무다리인 카펠교(Chapel Bridge)도 걸어보자. 호수 주변의 분위기 있는 카페에서 간단한 식사와 음료를 즐기며 쉬다 보면 주변의 상점을 기웃거리며 무언가를 사고 있는 일행들을 보는 즐거움을 누릴 수도 있다.

인터라켄으로 가는 길에 루체른을 경유하는 것은 아름다운 루체른을 보고 가기 위함만은 아니다. 유럽에서 가장 아름다운 경치를 자랑하는 골든패스 구간 중 best of best인 루체른에서 인터라켄까지의 구간을 멋지게 즐기기 위함이다. 파란 하늘을 찌르는 듯 웅장하게 솟아 있는 알프스 봉우리들을 거침없이 볼 수 있는 파노라마 열차를 타고 판타지 같은 풍경을 즐길 것이다. 위로는 파란 하늘 아래 만년설을 쓴 알프스가 보이고 아래로는 호수에 비친 아름다운 알프스가 흐른다. 계곡에서 조잘대는 물소리와 푸른 구릉에서 간간이 들리는 소들의 방울 소리가 마치 교향곡처럼 들리는 듯한 황홀한 시간이다. 이 시간을 내 삶의 소중한 추억으로 고이 담아두기에는 골든패스 구간을 달리는 파노라마 열차가 딱이다.

황홀한 시간을 지나 인터라켄에 도착하면 저녁 식사 후 '호수 사이'의 산골 마을을 산책해보자. 만년설이 녹아 흐르는 에메랄드빛 개울의 재잘거리는 소리와 깊은 산 아래 아기자기한 상점들의 불빛이 황홀한 느낌을 들게 할 것이다. 들뜬 기분에 과음하지 않도록 조심하자.

그리고 자기 전에 내일 메고 갈 소풍용 짐을 꼭 싸둬야 한다. 그렇다. 내일은 융프라우요흐를 산악열차로 여행하는 소풍 같은 일정이다. 스위스의 대표 산악 마을 그린델발트(Grindelwald)에서 숙박하게 될 것이고 큰 짐은 두고 가야 한다. 간단한 세면도구와 갈아입을 속옷 등을 작은 가방에 챙기자.

### 3일 차, 인터라켄과 융프라우의 별이 빛나는 밤

자, 이제 인터라켄을 제대로 즐겨보자. 인터라켄은 동역에서 서역까지 걸어서 20분 남짓한 작은 마을이다. 그리고 아이거(Eiger), 융프라우(Jungfrau) 등의 장엄한 산봉우리들이 웅장하게 펼쳐진 아래로 큰 호수 사이에 위치해 있다. 그래서 마을 이름도 호수 사이라는 뜻의 독일어 '인터라켄'이다. 분위기에 취해서 과음하지 않도록 조심하자. 3,454m의 높이에 올라야 하니 컨디션을 관리해야 한다. 자칫하면 멀미와 두통을 만날 수 있다.

알프스의 가장 높은 봉우리는 스위스가 아닌 프랑스에 있는 몽블랑산(Mont Blanc)이다. 알프스의 많은 부분은 오스트리아에 있다. 그러나 탈것을 이용해 여행객이 오늘 수 있는 알프스의 봉우리들은 대부분 스위스에 있기 때문인지 알프스 하면 우리는 스위스를 떠올리게 된다. 그중에 가장 인기 있는 것이 인터라켄의 융프라우요흐이며, 그 외에도 티틀리스(Titlis), 필라투스(Pilatus), 리기(Rigi) 등의 봉우리들이 있다. 이 중에 필라투스는 용이 살던 봉우리라는 전설이 있는데, 그 전설 속 용이 다름 아닌 예수님을 십자가에 못 박았다고 알려진 26년부터 36년까지 유대를 통치한 로마 총독 본디오 빌라도(Pontius Pilate)

라는 이야기가 있다.

그리고 우리가 인터라켄이라고 부르는 곳은 여러 마을이 있는 큰 산 '융프라우' 아래의 넓은 지역을 말하는데, 인터라겐이 그 지역의 거점 역할을 하기에 이렇게 불리는 것 같다. 이 지역을 구성하는 마을들을 살펴보면 다른 지역과 교두보 역할을 하는 인터라겐이 있고, 융프라우산으로 올라가는 오른쪽 길에 위치한 협곡 마을 라우터브루넨(Lauterbrunnen)이 있다. 'Lauter(많은) Brunnen(분수대)'이라는 이름에서 알 수 있듯 가장 유명한 슈타우바흐 폭포(Staubbach fall)를 비롯하여 72개의 폭포가 있는 곳으로 유명하다.

그 외 바람이 잘 들지 않는 양지바른 구릉에 위치한 벤겐(Wengen), 아이거와 라우버호른(Lauberhorn) 봉우리 사이에 위치한 2,061m의 산길 클라이네 샤이덱(Kleine Scheidegg), 유명한 쉴트호른(Schilthorn) 기슭에 있는 산골 마을 뮈렌(Murren), 융프라우산의 3봉을 조망하는 하이킹 코스로 유명한 쉬니케 플라테(Schynige Platte) 그리고 이번 일정에 우리가 숙박할 그린델발트가 있다. 그린델발트는 아이거 북면과 베터호른(Wetterhorn)을 간직한 산악 경관으로 둘러싸여 있는 초록의 분지에 자리하고 있다. 스위스 및 전 세계적으로 가장 인기 있는 휴가 및 여행지 중 한 곳이며, 융프라우 지역에서 가장 대규모의 스키 리조트가 자리하고 있는 마을이기도 하다.

대부분 융프라우산에 오르는 날이 생애 가장 높은 곳을 오르는 날이 될 것이다. 만년설과 빙하가 있는 곳이니 여름이라 하더라도 생각했던 것보다 춥다. 목도리와 모자, 간단한 점퍼 정도는 준비하자. 유럽의 지붕인 융프라우요흐에 오르는 것은 스위스 여행의 정점을 찍는

● 융프라우산

● 인터라켄

것을 의미한다. 그리고 이날 밤은 그린델발트에서 숙박한다. 알프스의 정취에 흠뻑 취하기 위해서다. 무거운 짐은 호텔이나 기차역의 짐 보관 센터에 맡겨두고 간단한 세면도구와 갈아입을 속옷 등 간단한 휴대품을 작은 가방에 챙겨 가자. 가벼울수록 좋다.

융프라우 철도는 유럽에서 가장 높은 해발 3,454m에 있는 역을 100년이 넘는 동안 운행하고 있다. 톱니바퀴 열차로 클라이네 샤이덱에서 융프라우요흐까지 터널을 통과해 가파른 길을 오른다. 아이거글레처역(Eigergletscher)에서는 안쪽에서 아이거 북벽으로 난 창을 통해 빙하의 장관을 볼 수 있다. 이후 정상에 도착하면 알레취 빙하(Aletsch Glacier)의 스핑크스와 고원 혹은 얼음 궁전에 올라 얼음과 눈 그리고 바위로 이루어진 알프스의 장엄한 모습을 보게 된다.

내려오는 길에는 한 구간 정도 하이킹을 추천한다. 등산 경험이 많지 않은 초보 산악인들도 부담스럽지 않은 가벼운 둘레길을 걷는 것 같은 느낌의 내리막길이다. 클라이네 샤이덱에서 그린델발트까지 9.8km 거리를 2시간 30분 동안 걸어 내려오면서 알프스의 봉우리들

## 융프라우요흐 산악열차

융프라우요흐에서는 산악열차 배차 시간을 확인하고 있어야 한다. 배차간격이 길고, 고지대이다 보니 2시간 이상 머무르면 신체적으로 무리가 온다는 점을 감안해서 일정을 잡아야 한다. 볼 것도 할 것도 많은 곳에 조금 더 있고 싶다는 생각을 하게 될 것이다.

을 찬찬히 감상하는 느낌이 남다르다.

그린델발트에 도착해서 체크인하고, 기념사진을 찍으며 알프스의
정취에 흠뻑 취해 다니다 보면, 어느새 어둑어둑해지며 경건함마저
느껴지는 밤이 찾아올 것이다. 특별히 오늘은 짐이 없어서 마음까지
홀가분한 밤이다. 유럽의 지붕 알프스를 맘껏 즐기는 밤이 되길 바란
다. 혹시 한밤중에 하늘을 본다면 알퐁스 도데(Alphonse Daudet)의 소설
《별》에서 목동과 주인집 아가씨가 함께 보던 별들을 볼 수 있을 것이
다. 평생 잊지 못 할 알프스의 밤이 당신의 눈에서 별처럼 빛나는 시
간이 되길 바란다.

> 만약 당신이 아름다운 별빛 아래에서 밤을 지새운 적이 있다면, 당신
> 은 모두가 잠든 시간에 또 하나의 신비로운 세계가 고독과 정적 속에서
> 깨어난다는 사실을 알고 있을 것입니다.
>
> — 알퐁스 도데, 《별》, 대교베텔스만, 2003.

## 4일 차, 하루 온종일 자유 시간! 알프스를 내 품에

그린델발트에서 아침을 맞이하면서 알프스의 소녀 하이디[스위스 작
가 요하나 슈피리(Johanna Spyri)가 지은 소설 《하이디》의 주인공]가 생각난다면
식후에 '라떼'를 마시면 좋다. "하이디가 누구야?" 하는 분들은 '얼죽아
(얼어 죽어도 아이스 아메리카노)'다. 아메리카노를 추천한다. 그린델발트
는 우리가 생각하던 딱 그 느낌의 스위스 마을이다.

4일 차가 되는 오늘은 스위스의 아름다운 마을에서 하루 온종일 자
유 시간을 가져보자. 내 맘대로 나만의 알프스를 즐기기를 바란다. 할

것은 무궁무진하다. 드라마 〈사랑의 불시착〉의 여주인공처럼 패러글라이딩하며 인터라켄 일대를 한눈에 담아보거나 호수의 유람선에서 차를 마시며 운치를 즐겨도 좋다. 그리고 바람 살랑이는 야외 카페에서 맥주와 함께 알프스 봉우리를 눈으로 마셔도 좋다.

사전 예약이 필요한 것도 있으니 출발 전에 챙겨두자. 이렇게 각자 자유로운 일정으로 바람처럼 즐기다가 예약해둔 인터라켄의 호텔로 도착하면 맡겨놓은 짐들이 "어서오세요" 하며 반갑게 맞이할 것이다. 다만 시간 가는 줄 모르고 즐기다가 너무 늦게 와서 호텔 직원들과 긴 대화를 해야 하는 상황은 만들지 않기를 바란다.

자유 시간인 넷째 날을 활용해 융프라우산을 더 재밌게 즐기는 방법이 있다. 융프라우산은 아무것도 안 하고 숨만 쉬어도 좋은 곳이다. 그러나 나만의 소중하고 아름다운 추억을 만들기 위해 이곳에 무엇이 있는지? 어떤 것을 할 수 있는지 알아보자.

### 쉴트호른

제임스 본드가 주인공인 영화 007 시리즈 중 여왕 폐하를 구출하는 내용의 〈007과 여왕〉도 이곳에서 촬영되어 큰 성공을 거두었다. 덕분에 쉴트호른 케이블 노선과 회전 레스토랑은 명성을 얻게 되었다. 360도로 파노라마 경관이 펼쳐진다. 정상에서는 세계적으로 이름난 뮈렌, 아이거 등 여러 산봉우리뿐만 아니라 몽블랑과 독일의 흑림 지대까지 볼 수 있다. 인생샷을 찍는 곳으로 유명하다.

- 그린델발트에서 쉴트호른 가는 법
  - 일단은 인터라켄으로 간다. 인터라켄 동역에서 라우터브룬넨까지 기차를 탄 후 슈테헬베르크(Stechelberg) 계곡 역까지 우편버스를 이용할 수 있다. 슈테헬베르크에서 30분 간격으로 운행하는 케이블카를 이용하여 쉴트호른에 도착하면 된다. 그외 사항은 스위스 관광청 홈페이지에 자세히 안내되어 있다.

### 피르스트

인터라켄의 봉우리이자 하이킹의 거점이기도 하며 스키장 등 다양한 액티비티로 유명한 곳이다. 이곳에서 즐길 수 있는 것들을 알아보자.

- 피르스트(First) 정상까지 향하는 '곤돌라'
- 피르스트 정상에 위치해 있으며 절벽 길과 구름다리의 아찔함과 아이거의 위용을 조망할 수 있는 '피르스트 클리프'
- 호수에 비친 아름다운 알프스 거봉들의 파노라마를 보면서 즐길 수 있는 '바이알프 호수 하이킹'
- 800m의 거리를 시속 84km의 속도로 날아 내려오는 환상적인 알파인 체험을 할 수 있는 '피르스트 플라이어'
- 알프스 영봉과 푸른 목초지를 즐기며 삼륜바이크를 타고 내려오는 '마운틴 카트'
- 그린델발트의 산악 마을 풍경을 감상하며 완만한 내리막길을 페달 없는 자전거로 시원스레 즐기는 '트로티 바이크'
- 그린델발트까지 15km를 즐길 수 있는 '눈썰매'

이 외에도 피르스트에서 하는 패러글라이딩은 한 마리 새처럼 발아래 펼쳐지는 파노라마 풍경을 즐길 수 있게 한다. 곤돌라를 타고 해발 2150m 지점인 피르스트산으로 이동하여 이륙하며 비행하는 동안 그린델발트 골짜기와 그 주변의 유명한 알프스산들을 감상할 수 있다.

- 그린델발트에서 피르스트 가는 법
  곤돌라를 이용하여 편하게 갈 수 있다. 단, 여름 시즌인 4월에서 10월에만 운영한다.

### 브리엔츠와 툰 호수를 유람선으로 즐기기

알프스의 봉우리들이 호수에 비친 모습을 즐기면서 스위스의 작은 마을들을 보고 싶다면 유람선에서 여유를 부려보는 것도 괜찮을 것이다. 두 호수를 다 즐기기엔 시간이 부족할 것이다. 에메랄드빛이 아름다운 브리엔츠(Brienz)를 추천한다. 왕복 2시간 조금 넘게 소요되고, 중간에 마을에 내려서 놀다가 다음 배를 타게 될 수도 있으니 여유 있게 준비하자. 인터라켄을 중심으로 베른 방향의 서쪽에 위치한 호수가 '툰(Thunersee)'이고 동쪽 루체른 방향으로 있는 호수가 '브리엔츠'다.

- 그린델발트에서 브리엔츠와 툰 호수 가는 법
  두 곳 다 유람선이 있으며 인터라켄에서 출발할 수 있다.

물론 자전거 하이킹도 가능하다. 그야말로 볼 것, 즐길 것이 넘치는 인터라켄이다. 이곳을 떠날 때면 일반 패키지는 인터라켄을 당일로 지나가는 일정이 많은데 왜 2박을 하는지 알게 될 것이며 2박으로도 짧다고 생각하게 될 것이다. 그러니 꼼꼼히 잘 챙겨서 사전 예약도 하고 준비를 하고 가자.

### 5일 차, 테제베로 파리 가는 길

오랫동안 기억될 스위스의 아련한 시간들을 뒤로하고 베르사유와 에펠탑, 루브르가 있는 파리로 향하는 날이다. 가는 길에 호수에 비친 알프스의 모습을 바라보며 아름다운 시간들을 추억으로 정리해보는 것도 좋을 시간이 될 것이다. 그리고 경유지로 베른을 들러야 한다. 익히 들어본 여러 수도와는 다르게 낯선 곳들이 있는데 그중 한 곳이 스위스의 수도 베른이 아닐까 생각한다. 베른 구시가지는 유네스코 세계문화유산으로 등록된 곳이다. 그만큼 아름다운 거리다. 세계에서 가장 삶의 질이 뛰어난 10대 도시 중 하나다. 구시가를 둘러싸고 있는 강을 따라 걸어보는 것을 추천한다.

베른을 출발해서 파리로 가는 테제베에서 보는 차창 밖 풍경은 가히 일품이다. 스위스에서 불태운 에너지가 보충될 것이다. 산들이 서서히 낮아지며 사라지고 넓은 구릉과 호수마을이 보이더니 이내 평원 지대를 달릴 때쯤에는 다들 자고 있을 것이다. 그리고 운이 좋다면 생에 가장 긴 시간 동안 저녁노을을 즐기는 호사를 누릴 수 있다. 기차가 지는 해를 따라가기 때문이다.

만약 반자유 여행 패키지로 파리에 도착했다면 전용버스가 기다리고 있을 것이다. 자유 여행객이라면 택시를 타자. 장거리를 이동하여 파리에 이제 막 도착했다. 낯선 곳에서 맞는 첫 이동에 대중교통을 이용한다는 것은 바람직하지 않은 선택이다. 원하지 않는 나쁜 경험을 할 수도 있다. 짐도 있으니 가능하면 택시나 픽업 서비스를 이용하자. 파리에서는 같은 호텔에서 3일 보내는 비교적 여유 있는 일정이다. 그러나 일주일 있어도 부족한 곳이 파리다. 자, 이대로 잠들 수는 없다. 아름답기로 유명한 파리의 밤이다.

가벼운 탐색전으로 샹젤리제 거리의 야경을 즐기는 것을 추천한다. 또는 에펠탑 2층의 카페에서 커피 한잔하면서 예술의 도시 파리가 밤으로 물드는 것을 즐기는 것도 좋다. 서서히 어두워지면서 하나 둘 반짝이더니 하늘의 별들이 지상으로 내려온 듯 파리 전체가 별들이 반짝이는 밤하늘처럼 변해가는 모습을 지켜보는 것도 좋은 경험이 될 것이다. 혹시 연인과 함께라면 반지나 목걸이 또는 편지를 준비해두자. 평생 잊지 못할 밤이 될 것이다. 그리고 부부야말로 연인이자 인연이다. 남편들은 꼭 준비하자! 왜 남자만 준비하냐고? 여자들은 말안 해도 준비한다. 간혹 "2층에 갔더니 레스토랑이 없더라" 하는 분들이 있다. 참고로 유럽에서는 건물의 지상층이 1층이 아니라 0층이다. 때문에 유럽에서 2층은 우리 식으로 하면 3층이다.


## 6일 차, 루브르, 베르사유, 에펠탑, 파리를 만나자!

오늘은 가이드 투어가 필요한 날이다. 파리 일정 중에 에펠탑, 루브르 그리고 베르사유는 가이드의 설명이 빛을 발하는 관광지다. 신경 쓸 것 없이 편하게 따라다니면서 즐기면 되는 날이다.

가이드를 통해 루브르와 베르사유를 다 본다면 일정이 4시 이후에 마치게 된다. 저녁 시간을 알뜰히 이용하려면 파리야말로 출발 전에 탄탄한 준비가 필요한 곳이다. 먹거리, 쇼핑, 즐길 거리가 무궁무진한 예술의 도시 파리를 온다고 얼마나 설레었던가? 헛되이 낭비하는 시간 없이 아름다운 추억으로 채우는 것은 출발 전에 준비를 어떻게 하느냐에 달려 있다. 그리고 가이드에게 조언을 구하고 현장 정보도 얻자. 자유 여행이라도 파리에서 하루 정도는 원 데이 가이드 투어를 이용하는 것을 추천한다.

● 에펠탑

## 7일 차, 프랑스를 즐기는 나만의 여행 루트

어제의 하루를 알차게 보냈다면 오늘 아침은 여유로운 마음으로 즐길 수 있으리라. 꼭 봐야 하는 곳들은 이미 가이드 안내를 받으며 깊이 있게 보았으니 오늘은 나만의 일정을 만들어보자. 더욱 풍성하게 파리를 느껴보자. 그렇다. 아직 못 본 것이 너무나 많은 파리다. 가난한 예술가의 거리 몽마르트르(Montmartre)에 가보자. 언덕에서 파리를 내려다보는 내 모습이 무명 화가의 손에서 작품으로 탄생되는 것을 즐기는 것도 좋다. 혹시 현대적인 파리를 보고 싶다면 개선문(Arc de Triomphe) 뒤로 보이는 신도시 라 데팡스(La Defense)를 가보자.

만약 파리는 이 정도로 하고 프랑스의 옛 모습이나 목가적인 풍경을 보고 싶다면 파리에서 당일로 다녀올 만한 곳으로 세 곳을 추천한다. 먼저 루아르 지역은 프랑스인들이 가장 사랑하는 지역이자 중세의 아름다운 성들로 유명하다. 예쁘고 아름답게 인생샷을 찍을 수 있는 아름다운 고성이 많은 곳으로 인기가 많다. 아니면 바다로 둘러싸인 바위섬 몽생미셸(Mont Saint Michel)의 숨 막히는 아름다움을 직접 보고 오는 것도 좋다. 거리가 멀어서 오가기가 힘들지만 신비한 분위기를 배경으로 특별한 추억을 만들고 싶은 분들이라면 추천한다.

혹시 와이너리에 관심이 있다면 파리 근교에 와이너리가 가능한 유서 깊은 곳들도 있다. 그리고 잊지 말아야 한다. 아쉽게도 오늘 밤이 마지막 밤이다. 아직 늦지 않았다. 센강(Seine River)의 유람선도 즐겨보자. 다음에 나와 있는 소개를 보고 취향과 상황에 맞게 여행해보길 바란다.

## 루아르 계곡

'프랑스의 정원'과 '프랑스의 요람'으로 유명한 루아르 계곡은 파리에서 테제베로 2시간 정도의 거리에 있으며 현지 여행사에서 운영하는 원 데이 투어가 있다. 루아르 지역에는 앙부아즈(Amboise), 앙제(Angers), 블루아(Blois), 시농(Chinon), 오를레앙(Orléans), 소뮈르(Saumur), 몽소로(Montsoreau), 투르(Tours) 등 역사적인 마을들이 있으며, 이곳에 있는 아름다운 고성 중 특히 앙부아즈성이나 빌랑드리성(Villandry Castle), 슈농소성(Chenonceau Castle)이 세계적으로 유명하다. 인생샷을 건지기 좋은 곳으로 사진을 찍으면 아름다운 성 전체가 카메라 앵글에 쏙 들어온다. 편도 2시간 이동 거리에다가 볼거리 많은 아름다운 곳이다. 아침 일찍 서두르는 것이 좋다. 조금이라도 더 머무르며 하나의 성이라도 더 보고 싶어질 것이다. 다시 말해 일찍 돌아오기 어렵다. 하루를 온전히 비워두는 것도 추천한다.

## 몽생미셸

대천사 미카엘의 섬(언덕)이라는 뜻을 가진 자그마한 화강암으로 이루어진 섬으로 대한항공의 CF로도 유명한 섬이다. 꼭대기의 수도원을 중심으로 성곽으로 둘러싸인 마을이 있다. 프랑스의 랜드마크이자 유네스코 지정 세계문화유산이다. 몽생미셸은 프랑스 북부 노르망디 지역에 위치하고 있어 차로 가면 대략 4시간 정도가 걸린다. 만만치 않은 거리다. 현지 여행사의 원 데이 투어를 이용하는 것이 좋다.

물론 반자유 여행 패키지로 갔다면 선택 코스로 볼 수 있다. 투어를 추천하는 이유는 대중교통을 통한 당일치기는 몽생미셸의 백미인 아름다운 야경을 볼 수 없기 때문이다. 왜냐하면 여름에는 해가 너무 늦게 지므로 몽생미셸의 아름다운 야경을 보려면 적어도 10시 30분까지는 있어야 한다. 즉 대중교통이 끊기는 시간이라 어쩔 수 없이 숙박해야 하는 상황이 생긴다. 반면 투어를 이용하면 노을을 보고 숙소까지 데려다주기 때문에 파리로 들어오면 새벽 2시쯤 된다. 이런저런 이유로 빠듯한 일정의 한국 여행객들에겐 쉽지 않은 곳이다.

### 보르비콩트성

만약 파리에서 작고 이쁜 고성이 더 보고 싶다면 반가운 정보가 있다. 보르비콩트성(Vaux le Vicomte)과 같은 아름다운 프랑스 성은 파리에서 매우 가까운 곳에 있어서 몇 시간 동안 이동할 필요가 없이 가볍게 다녀올 수 있다. 이 성은 파리 근교에서 볼 수 있는 아름답고 역사적인 프랑스 성 중 하나다. 1600년대에 지어진 현존하는 최대의 프랑스 성이며 국가적인 기념물로 여겨지고 있다. 인기 TV 프로그램이나 영화에서도 자주 등장한다. 파리에서 대중교통을 이용하여 이동하기에 좋으며 연중 내내 수많은 행사가 열린다. 좀 더 다이내믹한 경험을 원한다면 골프 카트를 빌려서 원하는 대로 주위를 둘러볼 수 있다. 인근에 있는 식당 'Relais de l'Ecureuil'에서 20유로의 저렴한 가격으로 테라스에서 코스 요리를 즐길 수 있다. 날씨가 좋은 날에는 도시락을 준비해서 보르비콩트성 정원에서 피크닉을 즐겨도 좋다.

• 보르비콩트성 가는 방법
대중교통: 파리 동역(Gare de Paris-Est)에서 프로뱅 지역으로 가

는 P호선 직행 기차를 타고 베르뇌유 레땅(Verneuil l'Etang)역에서 내리면 된다.

## 퐁텐블로성

정원이 있는 호화롭고 역사적인 프랑스 성이다. 퐁텐블로성(Chateau de Fontainebleau)은 보르비콩트성과 베르사유를 지은 조경사가 설계한 성이다. 이 성에는 1,500개가 넘는 방이 있다. 또한 부르봉(Bourbons) 왕조, 보나파르트(Bonaparte) 황제, 오를레앙(Orléans) 왕조, 나폴레옹 3세와 같은 중요 인사를 초대한 곳으로 유명하다. 12세기부터 18세기까지 프랑스 역사, 문화, 미식의 훌륭한 표본이 되는 곳이다.그리고 연중 내내 무료로 약혼 사진을 찍을 수 있다.

만약 아이와 함께 방문할 계획이라면, 미니 기차를 타고 정원 투어를 즐겨보자. 이곳에서는 형형색색의 아방가르드 해산물 요리를 특색으로 제공하는 미슐랭 스타 레스토랑인 L'Axel에서 점심을 즐길 수 있다. 가는 방법도 쉽다. 파리 리옹역(Gare de Lyon)에서 버스와 기차를 이용하면 이동하는 데 1시간도 걸리지 않는다.

## 샹티이성

중세 시대에 지어진 프랑스 성이다. 샹티이성(Chateau de Chantilly)은 프랑스 역사에서 중요했던 인물들이 후손을 위해서 이 성을 보존했다. 이 성은 프랑스 르네상스 건축물의 표본 중 하나다. 오늘날까지도 건재하는 호화로운 건축물과 프랑스 역사를 좋아한다면 가볼 만한 곳이다.

### 브르퇴유성

브르퇴유 가문이 소유하고 있던 성이다. 브르퇴유성(Château De Breteuil)은 중세의 코스튬을 입은 수십 개의 밀랍 인형이 성을 장식하고 있다. 《신데렐라》, 《빨간 모자》, 《장화 신은 고양이》 등을 쓴 작가 샤를 페로(Charles Perrault)의 동화 속 캐릭터들의 밀랍 인형도 볼 수 있다. 이 성에서는 테이블과 벤치, 놀이터, 나무 미로, 조각상이 있는 분수대에서 신나게 즐길 수 있다. 매주 일요일, 공휴일, 아이들 방학 시즌의 오후 4시 30분에는 아이들을 위한 동화 구연 시간을 가진다. 프랑스의 고성에서 샤를 페로의 동화를 읽는 소리를 들어보자.

● 샹티이성

### 몬테크리스토성

몬테크리스토성(Chateau De Montecristo)은 알렉상드르 뒤마(Alexandre Dumas)가 출간한 소설 《삼총사》가 출간되면서 건축되었다. 르네상스 스타일로 건축되었다. 현재 뒤마의 인생과 작품을 기리기 위한 박물관으로 이용되고 있다. 그의 작품을 좋아한다면 좋아할 만한 곳이다.

## 8일 차, 마음에 담을 나의 추억

유럽 여행의 마지막 날에 느끼는 감사함은 귀국행 항공 시간이 대부분 저녁 출발이라는 것이다. 연말정산의 보너스처럼 이득이다. 식사 전 산책으로 샹젤리제 거리의 고요한 시간을 즐겨보자. '오~ 샹제리제' 짧은 시간 동안 여러 번 다녀갔던 샹젤리제 거리의 새로운 모습을 간직함에 뿌듯함 같은 만족이 느껴질 것이다. 여유로운 조식을 즐기고 짐은 호텔에 맡겨놓고 파리의 추억을 더 담으러 가자. 쇼핑 타임 GO! 이번 여행의 쇼핑은 사전 준비가 필요하다. 왜냐하면 스위스와 프랑스 두 나라 모두 갖고 싶은 것들이 많은 나라인 데다가 직접 보면 사고 싶어지는 것들이 많아지기 때문이다.

준비 없이 충동구매는 No! 자칫 풍요 속의 빈곤이라는 뜻밖의 결과에 속상해질 수도 있다. 많이 샀는데 정작 꼭 사야 할 것과 꼭 해야 하는 선물을 놓치는 경우가 생기는 것이다. 그 이유는 사고 싶은 좋은 제품들이 너무 많기 때문이다. 그래서 출발 전에 쇼핑 리스트를 작성해주면 좋다. 바쁜 일상에 어렵게 시간 내서 오느라 쇼핑 리스트까지 정리할 시간이 없었다면 출발 당일 파리행 기내에서 보내는 12시간을 잘 활용하면 좋다. 12시간이면 충분하다. 그렇다, 우리는 열두 척으로 명량해전을 승리로 이끈 충무공 이순신 장군의 후예이기에 충분히 가능하다. "나에게는 아직 12시간의 여유가 있사옵니다."

쇼핑 리스트는 다음처럼 구분하면 좋다.

첫 번째, 내가 살 것은 '꼭 산다'와 '싸면 산다'로 구분해놓자. 두 번째, 선물할 것은 금액대로 구분해놓으면 좋다(받는 분들이 알면 기분 나쁠 수 있으니 철저한 보안 유지 필수). 그리고 고가의 선물을 해도 좋은 사람들은 가격보다는 취향을 공략하고 취향이 애매하면 한국에서 구하기 어려운 것이나 상대적으로 비싸게 판매하는 것을 공략하면 좋다.

세 번째, 은근히 신경 쓰이는 사람이라면 이렇게 하자. 직장 동료, 교회 집사님들, 동네 아는 분들 등 '어떡하지?' 하는 사람들도 있을 것이다. 안 하긴 그렇고 하자니 너무 많고 만 원 미만으로 살 만한 것들 없나? 고민하게 된다. 그러나 너무 걱정 마라. 다양하게 있다. 인터넷에 '파리에서 살 것'이라고 검색하면 우르르 쏟아진다. 혹시 모르겠으면 가이드 찬스를 쓰자.

네 번째, 끝까지 애매한 선물의 상대는 남자들이다. 요즘은 넥타이도 잘 안 하고, 허리띠, 지갑 다 식상하다. 참 쓸데없이 고민된다. 나름 괜찮은 방법이 있다. 사실 그들에겐 이미 하나님께서 주신 선물이 있다. 바로 '이브'다. 그분들의 선물을 챙겨드려라. 사모님이나 따님 또는 여자친구들이 좋아할 만한 선물을 챙겨주면 남자 대부분이 고마워한다. 그러면 '내 남편'의 이브는 나니까 내 걸 사면 되나? 뭐 자신 있다면 그래도 된다. 애매하면 직접 물어보시라.

## 9일 차, 한국으로 귀국

귀국편 항공기에 몸을 싣고 지난 시간을 돌아본다. 창밖의 파리가 구름 아래로 숨어버리면 어두운 밤하늘이 외롭게 느껴지기도 하는 하늘길이다. 갈 때는 12시간, 올 때는 11시간. 아마도 지구 자전에 의한 바람 탓이리라. 기내식을 먹고 사진을 정리하다 보면 피곤이 졸음을 불러온다. 여행의 즐거움이 추억과 피로로 바뀐 탓일까? 오는 길은 지루할 틈 없이 잠이 달다. 인천공항에 도착하면 오후 3시. 짐 찾고 집에 가면 저녁이다. 피곤하더라도 이번 여행의 추억을 정리해두는 것을 잊지 말자. 이것저것 느낀 것도 많고 새로운 것을 담아온 여행이다.

누군가 말했다. 안다고 다 아는 것이 아니라고. 앎에도 단계가 있다고 한다. 단순히 듣거나 보아서 아는 것이 있고 그것을 행하여 느껴서 내 것으로 만든 앎이 있으며, 그렇게 행함으로써 알게 된 것을 다른 사람에게 가르쳐줄 수 있는 '참 앎의 단계'가 있다고 한다. 가슴 울림의 벅찬 감정도 시간이 지나면 추억이 되어 서서히 잊혀진다. 잊지 않고 싶은 것들은 친구들과 공유하며 알림으로써 오래 기억되게 해보자. 간단한 와인 파티를 열어서 친구들을 초대해보자. 프랑스에서 직접 체험하며 배워온 와인 문화를 나누며 여행 사진과 영상을 띄워 놓으면 여행 이야기에 시간 가는 줄 모를 것이다. 그리고 여행의 추억과 감동이 더욱 오래 기억될 것이다.

## 프랑스 와인 즐기기

## 파리에서 와인 먹고 오면 우리나라 와인바는 껌이다

와인 하면 떠오르는 나라는 프랑스다. 프랑스에 와서 와인 경험을 해보자. 파리에서 와인을 제대로 경험해본다면 우리나라 와인바도 만만해 보일 것이다. 세계적으로 술 하면 안 빠지는 우리나라 사람들, 그런데 '와인' 앞에서는 조금 움츠러든다. 그것은 아마도 익숙하지 않은 와인 문화 때문일 수도 있다. 모처럼의 프랑스 여행에서 이깟 일로 하고 싶은 걸 못 하고, 먹고 싶은 걸 못 먹고 갈 수는 없다. 그리고 와인 강국 프랑스에서 와인을 곁들인 프랑스 요리를 경험해보는 것은 좋은 포상이 될 것이다. 그렇다고 소믈리에가 될 필요는 없고, 현장에서 써먹을 수 있는 실용적인 에티켓 정도만 알고 가자. 샹젤리제 거리의 근사한 레스토랑에서 음식을 시키면 웨이터나 소믈리에가 모르는 낱말과 연도가 적힌 와인 리스트를 보여줄 것이다. 주문할 때부터 당황하게 된다. 왜? 뭔 말인지 어떻게 해야 할지 모르기 때문이다. 그러나 첫째로 기억해야 할 것은 '항상 당당하자' 다.

우선 레스토랑의 와인을 구분하는 방법부터 알아보자. 일반적으로 레스토랑에서는 와인을 잔 단위로 판매하거나 병으로 판매한다. 특별히 알아봤거나 마시고 싶은 와인이 없다면 하우스 와인이 무난하다. 스파클링, 화이드, 레드 등 와인의 종류를 정하고 가격을 따져보자. 와인 생산 국가도 확인해보자. 만약 레스토랑에서 코스 요리를 먹는다면 식전주인 아페리티프(Aperitif)를 어떤 것으로 하겠느냐는 질문을 받게 된다. '이건 뭐지?' 하고 당황할 필요는 없다. 생각이 없으면 안 마셔도 된다. 일반적으로 메인 식사와 함께 즐기는 테이블 와인으로는 육류나 강한 양념을 한 요리에는 레드와인, 생선 요리나 가벼운 양념을 한 요리에는 화이트와인을 마신다. 절대적인 것은 아니니 마시고 싶은 것을 주머니 사정 봐서 즐기면 된다. 만약에 와인을 선택하는 것이 어렵거나 원하는 것이 없을 때는 웨이터나 소믈리에에게 조언을 구하는 것이 좋다. 그들은 기꺼이 도와줄 것이다.

주문한 와인이 오면 소믈리에나 웨이터가 병의 라벨을 보여주고 코르크를 개봉한 후 마개를 건네주는데, 이것은 주문한 와인의 종류와 빈티지가 맞는지, 변질 여부는 없는지 마개를 통해 살펴보란 뜻이므로 당황하지 말고 마개의 상태와 향을 확인하여 이상 유무를 확인하고 괜찮을 경우, OK 사인을 주면 된다. 그러고 나면 보통 테이블의 중심이 되는 사람이나 와인을 주문한 사람에게 와인을 조금 따라준다. 이 또한 맛과 이상 유무를 확인해보라는 뜻이다. 마셔보고 서빙을 요청하면 된다. 만일 이상이 있다고 판단되면 소믈리에가 마셔보도록 하여 이상 유무를 확인하고 교환을 요청하면 된다. 와인을 받을 때는 글라스의 베이스 부분에 검지와 중지손가락을 가져다 놓는다. 그리고 그만 마시고 싶을 때는 잔 상단에 손을 잠시 올리면 된다. 즉, 잔을 잡으면 받겠다는 뜻이고 잔을 막으면 그만 마시겠다는 뜻이다. 혹시 샹젤리제 거리의 고급 레스토랑에서 코스요리와 함께 와인을 곁들인다면 비용이 상당할 수도 있다. 그러나 와인 강국 프랑스에서 그것도 파리의 샹젤리제 거리에서 와인을 즐겨본 사람이 내 주위에 몇 명이나 있는가 생각해보면 내가 갖게 될 추억에 비해 지불되는 경비가 비싸다고만 느껴지진 않을 것이다.

# 가족 여행으로 떠나기 좋은
# 이탈리아 일주

## 낭만 가득한 여행지, 이탈리아

"모든 길은 로마로 통한다." 누구나 한 번쯤은 들어본 말일 것이다. BC 8세기경 도시국가로 시작한 로마는 2천 년 동안 번영하며 서구 문명의 기초로 성장했다. 로마는 정복지의 다양한 문화를 인정하는 포용 정책이 발전의 동력이 되었다. 요즘 말로 글로벌한 사고로 새로운 문화를 창조해낸 대제국이다.

이번 여행은 찬란했던 제국의 문화가 깃들어 있는 역사의 땅 이탈리아를 일주하는 일정이다. 이탈리아는 사랑하는 가족들과 공유하고 싶은 여행지로 손꼽히는 곳이다. 자연, 문화, 역사, 휴양, 음식과 쇼핑의 오색찬란한 주제들이 빛나는 이탈리아를 온 가족이 함께 추억한다는 것은 분명 큰 기쁨이다. 그리고 구성원의 다양한 니즈를 이곳처럼 골고루 만족시켜줄 수 있는 여행지도 드물다. 가족 모두가 만족할 여행을 준비해보자.

한 지붕 한 가족이 함께하는 여행이다. 장점을 살려서 준비하자. 휴대폰 로밍은 한 사람만 해도 될 것이다. 인터넷 검색용이나 현지 통화를 위해 필요하면 유심칩을 사용하는 휴대폰을 하나 추가해도 좋다. 다른 휴대폰 하나는 가족사진, 풍경 사진 등 촬영용으로 사용하면 좋다. 이 휴대폰은 가이드 멘트 녹음용으로도 사용할 수 있겠다. 촬영과 녹음용 공식 휴대폰은 메모리카드를 여유 있게 준비하자.

그리고 가족 모두가 가고 싶은 곳, 먹고 싶은 음식, 하고 싶은 것을 하나씩 정하고 각자 정한 것을 모두가 공유한 후에 언제, 어디서, 어떻게 할지를 정하자. 그리고 가고 싶은 곳을 정한 사람이 짧은 안내를 할 수 있도록 준비하면 더욱 재미있다.

## 배움은 꽃을 피우게 하고 열매를 맺는다

로마의 역사는 너무나 방대하다. 여행 중에도 많은 것들을 보고 듣게 된다. 자칫하면 뒤죽박죽 무슨 이야기인지 기억하기가 어려울 수 있다. 어른들은 괜찮은데, 아이들이 귀한 지식을 자기 것으로 만들기를 바라는 마음은 세상 모든 부모가 같은 것이다. 보다 알찬 여행을 위해 출발 전에 《그리스 로마 신화》와 《성경》과 같은 관련 서적을 읽고 가면 큰 도움이 된다. 대부분의 서양 역사는 로마에서 시작된다. 그리고 로마의 이야기는 그리스 신화와 성경을 모르고서는 제대로 이해하기 어렵다. 어린이용 만화도 좋다. 중요한 것은 큰 흐름을 이해할 수 있느냐는 것이다. 지식은 큰 줄기를 세우고 거기에 가지나 잎을 달아서 기억하는 것이 쉽다. 즉 듣거나 본 것을 지식으로 저장하기 위해서는 붙일 만한 큰 줄기가 있어야 한다는 것이다. 단순히 가이드의 이야기를 기억하기 위해서만은 아니다. 이번 여행을 통해서 아이들이 서양 문화의 큰 흐름을 이해하고 직접 본 위대한 업적을 기억하고 활용할 수 있기 위해서다. 대제국 로마는 서양 문화의 근간이 생성되고 성장한 곳이기 때문이다.

---

### ◉ 이탈리아 여행 추천 루트

1일 차, 밀라노 → 2일 차, 베로나, 베네치아 → 3일 차, 피렌체 → 4일 차, 피사 또는 친퀘테레 → 5~6일 차, 로마 → 7일 차, 폼페이, 카프리, 소렌토 또는 포지타노 → 8일 차, 귀국

---

### 1일 차, 인천에서 출발해 밀라노로

인천에서 직항으로 가는 이탈리아 항공편은 밀라노, 베네치아, 로마(Rome) 세 곳이다. 대부분 갈수록 좋거나 풍성해지는 일정이 만족도가 높다. 그러므로 밀라노로 시작해서 로마에서 마무리하는 일정을 추천한다. 유럽행 항공기의 좌석은 343 배열의 7열 구성이 일반적이다. 4인 가족이라면 기내 좌석 배정은 창 쪽의 3열과 복도를 사이에 둔 옆자리로 4석을 확보하는 것이 좋다. 또는 일행 세 명이 앉은 창가 쪽 3열의 앞쪽이거나 뒤쪽의 통로 자리가 좋다. 대부분 앞쪽 자리를 선호한다. 당연히 빨리 사라진다. 앞자리가 없다면 차라리 뒤쪽 꽁무니 자리를 요청하자. 중간 구역은 기내 서비스도 제일 늦고 화장실도 불편하고 마음마저 답답할 수 있는 곳이다.

아이들과 함께 여행하는 엄마에겐 기내에서 화장실 사용하는 것도 성가신 일이 될 수 있다. 아이들은 때를 가리지 않기에 더욱 그렇다. 불쑥 들어오는 느닷없는 질문과 요구에 대비하여 화장실 사용에 대한 기본 사항을 미리 알아두면 도움이 된다. 12시간의 장거리 비행 끝

에 밀라노에는 저녁 6시 정도에 도착하게 된다. 입국 절차를 밟고 가이드를 만나서 숙소에 도착하면 8시가 넘을 것이다. 잠깐이라도 몸을 움직이고 자도록 하자. 짐 정리 전에 주변 산책이나 가벼운 쇼핑을 하는 것도 좋다. 상점들이 문을 닫기 전에 나가보자. 짐은 아침에 쓸 것 말고는 풀지 않는 것이 좋다.

## 2일 차, 밀라노에서 베로나를 지나 베네치아로

이날만큼은 일찍 출발하게 될 것이다. 베로나(Verona)를 거쳐 베네치아까지 장시간 이동해야 한다. 베네치아에 일찍 도착해서 여유 있는 일정을 갖고 싶은 마음이다. 이른 아침에 밀라노의 두오모(duomo) 성당을 둘러보고 약간의 자유 시간이 주어질 것이다. 혹시 밀라노에서 꼭 사야 하는 것이 있다면 이 시간을 활용하자. 여유시간이 없으니 가이드의 도움을 받는 것이 좋다. 밀라노를 출발해서 2시간쯤 지나면 로미오와 줄리엣의 배경 도시 베로나를 지나게 된다. 여유가 생긴다면 베로나에서 점심을 먹고 로미오와 줄리엣의 추억을 찾아보거나 잠깐의 여유시간을 즐길 수 있다.

베네치아까지 가는 동안 가이드는 베네치아에 관련된 많은 이야기를 재밌게 들려줄 것이다. 가이드 이야기를 듣다 보면 나도 모르게 잠이 들게 된다. 혹시 끝까지 듣고 싶다면 녹음을 해두는 것도 좋다. 녹음한 것을 자유 시간에 리알토 다리(Ponte di Rialto) 또는 산마르코 광장(Piazza San Marco)에서 쉬면서 들으면 색다른 느낌이 들 것이다. 베로나에서 출발해서 2시간이 언제 갔나 모르게 지나고 베네치아 도착을 알리는 가이드 목소리에 창밖의 풍경을 보게 된다. 체크인하고 간단한 공식 투어 일정을 마치고 자유 시간이 주어질 것이다.

## 아름답기로 유명한 베네치아의 석양 즐기기

오늘 저녁만큼은 특별한 만찬을 즐겨도 좋다. 베네치아는 석양이 아름답기로 유명한 곳이다. 석양을 즐길 수 있는 두 가지 방법 중 하나를 선택해야 한다. 하나는 곤돌라를 타고서 음악과 함께 즐기는 것이다. 또 다른 방법은 석양이 멋진 레스토랑에서 식사와 함께 즐기는 방법이다. 취향껏 선택해서 즐기자. 유의할 것은 경쟁이 치열하다는 것이다. 여유를 갖고 서두르자. 간혹 베네치아를 다녀온 사람 중에 별로였다고 말하는 사람들이 있다. 대부분 석양을 보지 못하고 당일치기로 짧은 방문을 하고 간 사람들이다. 한낮의 더위에 운하에서 올라오는 바다냄새를 맡으며 복잡한 골목길을 다녔을 테니 그럴 만하다. 그러니 다른 무엇보다 석양을 놓치지 않도록 하자. 이 때문에 비싼 숙박비를 지불하고 베네치아 숙박을 선택한 것이라고 해도 과언이 아니다.

곤돌라를 선택한다면 꼭 악사와 함께할 것을 추천한다. 그리고 석양을 배경으로 곤돌라를 타는 낭만적인 풍경을 촬영해줄 사람이 꼭 필요하다. 가이드 찬스를 추천한다. 레스토랑에서 즐기기로 했다면 당연히 식당의 위치가 중요하다. 석양으로 물들어 서서히 황금빛으로 변하는 바다가 보이는 곳이 좋다. 특히 산 조르조 마조레 성당(San Giorgio Maggiore)이 보이는 곳이 좋다. 그뿐만 아니라 식당에서도 좌석 선정이 중요함은 말할 필요도 없다. 많은 여행자가 위치 좋은 식당을 찾는다. 생각보다 일찍 가야 한다. 일찍 가는 것이 좋은 점은 차선책을 노릴 수 있기 때문이기도 하다. 아직 석양이 지기까지는 시간이 있기 때문이다.

즉, 레스토랑 자리 선점에 실패하면 곤돌라를 탈 수도 있다. 혹시라도 비가 온다면 수상택시 투어를 추천한다. 생각보다 괜찮다. 우리는 지금 이탈리아 여행 중이다. 집 떠나 만나는 두 번째 저녁이다. 오랫동안 꿈꿔왔던 베네치아에서 온 가족이 함께 석양을 기다리고 있다. 서서히 해가 기울고 바다가 반짝인다. 두칼레 궁전(Palazzo Ducale)과 산타마리아 델라 살루테 성당(Santa Maria della Salute)이 황금빛으로 물든다. 그리고 사랑하는 가족들의 눈동자도 황금빛으로 물든다. 그 눈 속에 황금처럼 반짝이는 내 얼굴이 들어 있다.

### 물의 도시 베네치아에서의 쇼핑

쇼핑도 2일 차인 오늘 밤에 즐겨두자. 골목골목을 누비다 보면 밤이 깊어진 것도 모르고 다니게 될 것이다. 너무 지치면 어쩌냐고? 괜찮다. 여행 중이다. 그리고 의외로 살 게 별로 없다. 관광객들을 위한 기념품이 대부분이다. 혹시 유리 제품을 샀다면 포장을 꼼꼼히 해달라고 하자. 이때 이런 요청은 아이들에게 할 기회를 주자. 일단 기회를 주고 잘 안 되면 도와주자. 별로 어려운 것은 없다. 한국인이라고 하면 알아서 포장해준다. 내일은 피렌체로 이동하는 날이다. 즉 이동하는 동안 버스에서 휴식을 취할 수 있다. 그러니 오늘은 베네치아의 밤을 충분히 즐겨도 좋다. 상점을 기웃거리며 골목을 누비다가 출출하면 피자에 맥주 한잔하자. 아이들은 콜라! 바닷가 쪽에는 맛집으로 소문난 레스토랑들이 있다. 그렇게 발품 팔아 구매한 소소한 기념품들과 함께 숙소로 돌아올 것이다. 그것들을 숙소에 펼쳐놓고 가방에

● 산 마르코 광장

정리하며 이야기꽃을 피우는 시간 또한 오랫동안 기억될 아름다운 추억이 될 것이다.

### 3일 차, 베네치아에서 피렌체로

남서쪽으로 2시간 30분정도 차로 가면 꽃의 도시라는 의미의 플로렌스라 불리는 피렌체가 있다. 오늘은 이탈리아 문화의 자긍심이자 르네상스의 발상지라고도 하는 피렌체로 가는 날이다. 오전에 잠깐 베네치아를 둘러보고 출발한다. 오늘은 가이드가 알려주고 싶은 것이 많을 것이다. 피곤하여 감기는 눈꺼풀을 이길 수 없는 사람은 오늘도 녹음 찬스를 이용해보자.

가이드는 오늘 오후에 피렌체의 주요 명소를 하나라도 더 보여주려고 노력할 것이다. 조금 바쁘게 움직이더라도 이해해주자. 내일 자유 시간을 보다 많이 주고 싶은 가이드의 배려다. 피사의 사탑(Torre di Pisa)도 가야 할 것 같고, 친퀘테레(Cinque Terre)도 가고 싶고, 와이너리도 괜찮을 것 같고, 이것저것 하고 싶고, 가고 싶은 곳이 많은 곳이 피렌체이기 때문이다. 가이드의 안내에 잘 따라 움직여준다면 내일은 아침부터 자유 일정으로 즐길 수도 있다. 물론 자유 시간에도 가이드는 여러분을 도울 수 있는 곳에서 대기 중이다. 가이드의 안내에 따라 열심히 다

## 명품의 나라 이탈리아

피렌체에서 외곽에 위치한 명품 아울렛에 쇼핑을 즐기러 가는 사람들이 많다. 개인적으로 추천하지 않는다. 요즘은 명품 아울렛이 예전 같지 않다. 오히려 가죽시장에서 괜찮은 제품을 구매하는 것이 의미 있다. 이탈리아, 특히 피렌체의 가죽 염색 기술은 세계적으로 알아준다. 그리고 이탈리아의 손꼽히는 장인들이 만든 것들이 유명해져서 명품이 된 것들도 많다. 즉, 내가 산 물건이 미래의 명품이 될 수도 있는 것이다. 숙련된 장인이 한땀 한땀 정성스레 만든 제품은 품질이 뛰어나고 고급스러워 유행을 타지 않는다. 제품을 살 때 'Made in Italy' 또는 'Firenze'가 표기된 것을 고르는 것이 좋다. 그래야 어디서 구매했는지 분명하게 알 수 있기 때문이다.

● 베키오 다리

니다 보면 생각나는 것이 있다. 아직 숙소가 어딘지 모른다는 것이다.
시간을 아끼기 위해 중요 관광지를 먼저 봤기 때문이다. 체크인을 먼
저 해야 해서 저녁을 조금 늦게 먹게 될 것이다. 숙소에 짐을 풀고 홀가
분한 몸과 마음으로 저녁을 즐기면 된다. 잠들기 전에 가족들과 함께
출발 전에 준비한 내일 있을 자유 시간의 일정을 점검해보자.

  피렌체의 석양을 즐기고 싶은 사람은 미켈란젤로 광장(Piazzale
Michelangelo)을 가보자. 피렌체 중앙역(SMN)에서 버스표를 구입한 후
펀칭하고, 바로 앞 12번 버스를 타면 30분 정도 소요된다. 버스노선이

골목을 여기저기 들러서 가기에 시간이 걸린다. 꼭 버스표를 사서 펀 칭까지 하고 타야 한다. 검표원들에게 적발되면 벌금이 크다.

일몰을 보기 위해서는 적어도 30분 전에는 가야 한다. 붉은색으로 도시 전체가 물드는 걸 볼 수 있다. 돌아올 때는 내리막길이니 걸어서 가도 좋다. 가면서 베키오 다리(Ponte Vecchio) 및 강가의 아름다운 야 경을 볼 수 있다. 와인이나 맥주를 준비해서 일몰 보면서 마시면 더욱 좋다. 많은 사람이 계단에 앉아 석양에 물드는 피렌체를 보면서 무언 가 마시는 모습을 보게 될 것이다.

### 4일 차, 르네상스의 발원지 피렌체에서 사람 중심의 여행

오늘은 하루종일 자유 일정으로 보낼 수 있는 날이다. 공식적으로 가이드와 차량이 피사에 갈 수 있도록 도와줄 것이다. 여건이 허락한 다면 친퀘테레까지도 가능하다. 피사까지는 1시간, 피사에서 친퀘테 레까지는 1시간 30분 정도의 거리다. 만일 다수가 다른 지역을 원한 다면 차량 제공 구간을 변경할 수 있겠다. 요는 강제 일정이 아니며 각자 하고 싶은 대로 하는 것이 오늘의 주제다. 당연히 식사는 자유 식으로 각자 알아서 사 먹게 된다. 역사와 문화, 예술 그리고 쇼핑에 관심이 많은 사람들은 피렌체에서 하루를 알뜰하게 이용하는 것도 좋다.

오늘이야말로 가족들의 다양한 니즈를 실현할 수 있는 날이다. 가 족 여행은 일반적으로 행복한 여행으로 비친다. 그러나 세밀히 들여 다보면 다들 조금씩 양보하며 행복의 균형을 맞추고 있다는 것을 알 수 있다. 아이들은 아빠의 체면과 권위를 존중해주느라 본인의 생각을 삼킨다. 부모들은 아이들이 좋아하는 것을 해주기 위해 내가 먹고 싶은 것과 하고 싶은 것을 "난 괜찮아"로 표현한다. 그러나 이탈리아 여행에서만큼은 꼭 하고 싶은 건 하고 가자. 그리고 오늘은 숙소도 어제와 같은 곳이다. 그래서 짐과 시간에 대한 구애도 덜 받는다.

만일 아이들은 친퀘테레를 가고 싶어 하고 부모들은 쇼핑 등의 이유로 피렌체에 남고 싶거나 와이너리 투어가 하고 싶다면 가이드에게 부탁하고 아이들만 보내자. 아이들도 그들만의 시간을 갖고 싶어 한다는 것을 기억하자. 잠시 헤어졌다가 저녁에 만나보자. 정말 반가운 마음에 울컥할 것이다. 집을 떠나 낯선 곳에서 서로를 배려하는 마음

● 피사의 사탑

으로 믿고 헤어졌던 시간이 가족을 더욱 *끈끈하게* 묶어줄 것이다. 무엇보다 아이들이 좋아할 것이다. 그리고 가족 여행은 즐겁고 행복한 것이라고 생각하게 될 것이며, 앞으로 가족 여행에 적극적으로 동참하고 싶어 하는 마음이 들게 되는 계기가 될 것이다.

## 5일 차, 피렌체에서 로마로 가는 두 가지 방법

오전에 짬을 내서 자유 시간을 갖고 싶은 아침이다. 아쉬움을 뒤로하고 드디어 로마에 입성하는 날이다. 영원의 도시 로마를 표현하는 말 중에 '모든 길은 로마로 통한다'는 말이 있다. 그에 걸맞게 조금 색다른 선택 일정을 경험해보자. 전용 버스가 준비되어 있겠지만, 기차를 타고 따로 이동하는 것이다. 로마는 이탈리아가 자랑하는 고속열차 '트랜이탈리아(TrenItala)'를 타면 2시간이면 간다. 전용 버스에 짐을 맡기고 기차를 타러 가보자. 버스가 더 오래 걸리기 때문에 버스가 짐을 싣고 먼저 출발하게 될 것이다. 여기서 중요한 건 기차 요금은 각자 낸다는 것이다. 전용 버스를 이용해 가는 사람들을 위한 배려다. 버스로 3시간이 조금 넘는 거리다.

기차를 타고 간다면 피렌체에서 조금 더 시간을 보낼 수 있다. 그리고 기차로 이동하는 2시간은 색다른 체험으로 추억될 것이다. 가족들 간에 편안한 대화가 이어지기에 더없이 좋은 환경이다. 창밖으로 지나가는 이탈리아 평원의 풍광은 마음을 평화롭게 만들어준다. 가능한 엄마 아빠의 덕담보다는, 아이들의 마음속 이야기를 차분히 들어주는 시간으로 활용되기를 바란다.

로마에 도착해서 숙소에 짐을 맡기고 나면 가이드의 간단한 설

● 젤라토

명 후 자유 일정이 주어질 것이다. 저녁을 먹고 트레비 분수(Trevi Fountain)와 스페인광장(Piazza di Spagna)의 야경을 보는 것도 좋다. 여름 여행 중이라면 아이들이 '젤라토'를 먹고 싶어 할 것이다. 이탈리아 여행에서 하루에 하나 이상 젤라토를 먹어야 한다고 말이다. 영화 〈로마의 휴일〉에서 오드리 헵번(Audrey Hepburn)이 먹었던 그 아이스크림 젤라토. 잠시 오드리 헵번이 되어 스페인광장에서 젤라토 인증샷을 찍어보는 것도 재미있는 추억이 될 것이다. 이탈리아의 젤라토는 맛과 다양함으로 유명하다.

## 6일 차, 로마에 집중하는 날

그야말로 이탈리아 여행의 하이라이트라고 할 수 있다. 가장 중요한 성 베드로 대성당(Basilica di San Pietro)을 오전에 보고 다른 것들을 오후에 보거나 아니면 그 반대일 것이다. 날씨에 따라 또는 대기 시간에 따라 달라질 것이다. 성 베드로 대성당은 이탈리아 안에 위치한 바티칸(Vatican City)에 있는데, 입장표를 사야만 들어갈 수 있다. 그리고 포로 로마노(Roman Forum)와 콜로세움(Roman Forum) 내부 입장은 가능하면 꼭 하자. 후회하지 않을 것이다. 로마로 출장 갈 때마다 느끼는 것이 있다. 로마, 특히 성 베드로 대성당은 다리가 고생하는 코스라는 것이다. 오랜 시간 걷거나 서서 가이드 설명을 들어야하기 때문이다. 힘들어하는 사람들을 보면 안타까웠다. 가족 여행이라면 아이들이 힘들어할 것이다. 물론 어른도 힘들다. 접이식 휴대용 의자가 있으면 좋겠다고 생각했다. 나는 가끔 등산이나 낚시용 접이식 의자를 챙겨 간다. 물론 힘들어하는 손님용이다. 미취학 아이라면 유모차를 빌리는 것도 괜찮을 것 같다.

성 베드로 대성당을 보고 나면 그야말로 '휴~' 하는 안도의 한숨이 절로 난다. 그 고생을 하고도 후회되지 않을 만큼 훌륭한 볼거리이기에 패스할 수도 없다. 지혜롭게 잘 보는 수밖에. 오늘 저녁은 시원한 맥주가 더욱 생각나는 날이다. 분위기 있는 골목길 카페에서 피자와 요리를 곁들인 음료 한 잔으로 수고한 무릎을 위로해주자. 그리고 20세기 역사를 가진 곳을 하루 만에 완주해낸 대견한 가족들끼리 서로를 칭찬해주는 밤이다.

## 7일 차. 남부 지역으로 소풍 가는 날

오늘은 이탈리아 남부 지역의 아름다움을 즐기러 가는 날이다. 당

● 성 베드로 대성당에 전시된 미켈란 젤로의 작품 〈피에타〉

● 콜로세움

일 일정이다. 짐을 싸고 숙소를 옮기는 불편함을 최소화하기 위해서다. 만일 여름철이라면 숙박하며 여유롭게 즐기는 일정도 좋다. 숙박 여행이라면 서둘러서 예약해야 한다. 알고 있겠지만 남부 지역은 초대박 인기 휴양지다. 슬픈 이야기가 있는 아름다운 유적지 폼페이(Pompeii)로 먼저 간다. 고속도로를 이용해서 2시간 30분 정도 소요된다. 이 시간에 가이드는 역사 등의 이야기를 들려줄 것이고, 손님들은 휴식을 즐길 것이다. 가이드의 설명만 들으면 잠이 온다는 사람들도 꽤 있다. 폼페이는 폐허만 덩그러니 남아 있으려니 생각하고 왔다가 "와~" 하는 감탄으로 시작되는 곳이다. 가이드의 짧은 보충 설명 후에 자유 시간이 주어질 것이다. 이동 중에 차에서 한 가이드 안내를 녹음했기를 바란다. 폼페이 유적지는 꽤 넓다. 잠시 쉬면서 가이드의 짧은 설명을 뒷받침해줄 녹음된 가이드 멘트를 듣는 것을 추천한다.

날씨가 허락한다면 카프리섬(Capri Island)에 갈 수 있을 것이다. 카프리에 도착하면 시간이 촉박하다. 대부분 둘 중 하나를 선택해야 할 것이다. 푸른 동굴(Grotta Azzurra)을 볼 것이냐? 케이블카를 타고 정상에 올라 전망을 즐길 것이냐? 그러나 우리는 가족 여행 중이다. 장점을 살리자. 기호에 맞게 선택하거나 제비뽑기를 통해 두 팀으로 나눠서 가보자. 색다른 재미를 느낄 수 있다. 다른 일행들이 부러워할 것이다. 물론 겉으론 내색하지 않으려 한다. 부러우면 지는 거니까.

섬에서 나올 때는 나폴리(Naples)가 아닌 소렌토(Sorrento)나 포시타노(Positano)로 올 수도 있다. 두 곳 다 그림같이 아름다운 휴양지다. 그리고 이동 중에 보게 될 험한 산기슭의 절경과 낭떠러지 길을 꼬불꼬불 지나면서 보게 될 해변과 바다는 눈부시게 아름답다. 가슴이 뭉클

할 정도다. 그리고 아쉽다. 두 곳 모두 짧은 자유 시간이 주어지고 사
진 찍느라 정신없이 보낼 것이다. 그래도 잠시 여유를 갖고 작은 추억
하나 갖고 가자. 아이스크림을 사면서 상점 점원과 이야기를 나누고
함께 사진을 찍는 것도 좋고, 골목길이나 해변을 손잡고 거닐면서 그
동안 바빠서 하지 못했던 말을 해도 좋다.

"사랑해. 당신은 내 생에서 가장 소중한 선택이야."

어떤 말이라도 좋다. 따듯한 진심 하나면 된다. 이렇게 아름다운 곳
에 가장 잘 어울리는 것은 진실된 마음이다. 남자들은 연습하자. 처음

● 폼페이

고백할 때 그러했듯이. 그리고 여자들도 말해주자. 남자들도 듣고 싶다. 오늘은 아름다운 감동에 지친 피곤한 하루가 될 것이다. 돌아오는 차 안에는 잠자는 사람들뿐이리라.

## 8일 차, 로마에서 한국으로

벌써 집으로 돌아가야 할 날이 왔다. 감사한 것은 저녁 출발이다. 역시나 바쁜 날이 될 것이다. 특별히 바빠야 할 이유는 없다. 괜히 아쉬움 때문에 마음이 분주해지는 것이다. 일단 부치는 짐을 꼼꼼히 잘 정리해두자. 혹시 더 살 것이 있다면 여유 공간을 조금 남겨두고 싸야 한다. 그리고 가장 중요한 것이 있다. 대견한 아이들에게 고맙다는 마음을 표현하는 것이다. 평상시에 칭찬에 인색한 우리 문화에 조금 어색하겠지만 지금 로마를 떠나기 전에 꼭 시작해보자. 남편이나 아내에게는 수시로 했으리라 믿는다. 혹시 여행 중에 작은 선물을 준비했다면 더욱 좋다.

함께 여행하면서 받는 선물은 감동이 남다르다. 제일 좋아할 선물은 여행 중에 사고 싶어 하면서 망설이다 못 산 것을 몰래 사서 주는 것이다. 그런 선물이라면 기내에서나 집에 가서 줘도 좋다. 집에 와서 할 일이 많은 것이 가족 여행이다. 그리고 첫날 안 하면 오랫동안 안 하게 되는 것이 이 일이다.

무엇보다 급한 것은 사진 정리다. 가족들이 함께 찍은 것과 각자 휴대폰으로 찍은 것을 모아서 잘 저장해둘 필요가 있다. 그리고 블로그나 SNS에 글을 올리는 것 등 집중의 시간이 필요한 일은 피곤해서 바로 하기 어려울 것이다. 그러나 기억은 시간이 지날수록 잊히고 느낌은 희미해진다. 우리나라로 돌아오는 기내에서 일자별로 간단하게 메모를 해두면 좋다. 좋은 글을 쓸 것까진 없고 여행의 느낌을 되살릴 수 있는 기억의 단초를 적어두면 된다. 그 외에 기념품이나 쇼핑한 물건들은 시간이 지난 뒤에 해도 된다. 눈에 보이는 것이라서 시간이 지나도 잊지 않고 하게 될 것이다.

# 색다르게 즐기는
# 또 다른 이탈리아

## 이탈리아를 여행하는 새로운 루트

특별한 일정을 원하거나 또는 며칠 더 길게 있을 수 있다면 색다른 일정을 권한다. 가족과 트레킹을 즐기며 편안한 대화의 시간을 갖고 싶거나 혹은 여름휴가를 이탈리아에서 즐기고 싶은 가족을 위해 북쪽의 산악지대와 남쪽의 휴양지 일정을 추천한다. 이탈리아에서는 산을 좋아하면 북쪽으로, 바다를 좋아하면 남쪽으로 가라는 말이 있다. 이 말을 입증하듯이 북쪽에는 알프스 자락의 멋진 장관이 펼쳐진 산악지대가 있고, 남쪽으로는 그림같이 아름다운 휴양지들이 지중해를 바라보고 있다.

## 초보자도 편안한 트레킹의 성지

가족들과 함께 행복한 시간을 나누기에 트레킹만 한 것이 없다. 혹시 트레킹을 힘든 것으로 생각하여 멀리했다면, 트레킹 마니아들이 성지처럼 생각하는 세계적인 트레킹 지역 돌로미티(Dolomiti)산맥을 경험해보자. 트레킹에 대한 다른 이미지를 갖게 될 것이다. 이곳은 각자 수준에 맞게 수위를 조절해가며 트레킹할 수 있기에 초보자나 아이들이 있는 가족들에게 딱 좋은 곳이다. 그것이 가능한 이유는 도로 등 편의시설이 잘 갖춰져 있기 때문이다. 특히 동계올림픽이 개최된 곳으로 케이블카, 리프트, 곤돌라가 잘 되어 있어서 트레킹 초보자도 쉽게 즐길 수 있다. 즉 걷다가 힘들면 리프트를 타고 원하는 지역으로 옮겨 갈 수가 있다는 말이다. 이 지역 일대가 올림픽을 개최한 스키왕국이다. 리프트 시설과 도로망이 잘 되어 있는 것이 당연한 일이 아니겠는가? 그러니 걱정하지 않아도 된다. 혹시 산에 가면 듣게 되는 거짓말인 "조금만 더 가면 돼, 다 왔어"라는 말과 같은 거 아니냐고? 많이 속아봐서 믿기지 않는다면 유니스코 세계유산의 설명을 찾아보라. 다음과 같은 내용을 보게 될 것이다.

알프스산맥의 일부인 북부 이탈리아의 돌로미티산맥은 높이가 3,000m 이상인 봉우리가 18개 있고 총 면적은 141,903ha이다. 가파른 수직 절벽과 폭이 좁고 깊은 계곡이 길게 형성된 돌로미티산맥은 세계에서 가장 아름다운 산악 경관을 연출한다. 9개 지역이 연속된 이 유산은 뾰족한 꼭대기와 뾰족한 산봉우리, 암벽이 두드러지는 장엄한 경관의 다양성을 보여주며, 빙하기 지형과 카르스트 지형도 포함하고 있어 지형학으로 국제적인 중요성을 지닌다. 유산은 또한 화석 기록과 함께 중생대 탄산염 대지(carbonate platform) 시스템이 잘 보존되어 있는 가장 훌륭한 예의 하나이다.

— 출처: 유네스코 세계유산

## 돌로미티와 스포츠의 도시 코르티나담페초

돌로미티는 꽤 넓은 산맥으로 한 번에 그 절경을 다 본다는 것은 무리다. 지혜롭게 선택해야 한다. 우선 전체 지역의 위치와 곳곳으로 이어져 있는 도로와 리프트를 숙지하여야 한다. 그리고 가족 여행에 적당한 루트를 선정하고 그에 적합한 도시에 숙소를 정하는 순서로 준비하면 좋다.

휴양도시 코르티나담페초(Cortina d'Ampezzo)는 베네치아에서 북쪽으로 차로 2시간 정도 이동하면 갈 수 있다. 만약에 베네치아에 머물면서 당일 일정으로 다녀올 계획이라면 렌터카를 이용할 것을 추천한다. 어쨌든 산악지대다. 대중교통편이 다양하다거나 자주 운행하는 것을 기대하기는 어려운 곳이다. 이 지역에서 숙박하면서 여유 있게 즐길 계획이라고 하더라도 렌터카를 이용하면 곳곳의 숨은 비경을 즐기기가 더 편리하다. 도로 상태는 좋다. 베로나에서 볼차노(Bolzano)를 거쳐서 오르티세이(Ortisei) 지역으로 접근하는 방법도 있다.

돌로미티와 코르티나담페초는 무엇을 상상했던 그 이상의 감동을 느낄 수 있는 곳이다. 인터라켄이나 몽블랑 등과는 다른 느낌의 알프스를 만날 것이다. 그리고 이렇게 아름다운 곳을 등산 장비 없이 아이들과 함께 편안하게 트레킹을 즐길 수 있다는 것에 놀랄 것이다. 리프트 등의 시설과 도로가 정말 잘 되어 있다. '여기가 해발 2,000m 이상의 산악지대가 맞아?' 하는 생각이 들 정도다. '그러나 역시 돈이 많이 들겠지?' 그렇다. 알프스 자락의 유명 스키장이며 관광지다. 물가가 비싼 것은 어느 정도 감안 해야지 하고 갈 것이다. 그러나 그렇지 않다는 것에 더 놀라게 된다. 우리나라에는 가족과 함께 스키를 즐기려면 어느 정도의 비용을 각오하고 가야 한다. 그리고 먹고 싶은 것들을 충분히 즐기지는 않게 된다. 엄청난 물가 때문이다. 만일 겨울철에 이곳에서 스키를 즐긴다면 평생 잊지 못할 스키장은 이곳이 될 것이다.

참고로 우리 가족은 이탈리아 여행을 겨울에 했다. 아이들에게 가장 좋았던 곳을 물어봤을 때 자녀 둘 다 돌로미티에서 눈썰매 탄 것을 꼽았다. 숨이 막힐 것같이 아름다운 절경 속에서 끝없이 펼쳐진 그 엄청난 스키장 규모와 에스컬레이터가 설치된 100m가 넘는 넓이의 전용 눈썰매장에서 우리 가족이 전세낸 듯 즐겼다. 어쩌면 만족은 당연하다. 눈썰매장뿐 아니라 보이는 모든 곳의 슬로프에 한 번에 세 명 이상 스키를 타는 모습을 보기 어려웠다. 그만큼 슬로프가 많다. 눈썰매를 타며 고개를 들면 눈에 들어오는 것만 7개 정도다. 이 지역 전체에 도대체 몇 개나 있을까? 이렇게 넓은 곳이니 눈썰매 전용 슬로프도 있는 것이다. 그야말로 황제 눈썰매를 즐겼다. 우리는 아이들이 아직 스키를 배우지 못해서 눈썰매를 즐겼다. 스키를 탈 줄 안다면 황제스키를 즐기게 될 것이다.

## 여름철에 누리는 호사, 지중해 휴양지

여름휴가도 겸하고 싶은 가족 여행이라면 아말피(Amalfi)를 추천한다. 여름 휴가에는 한 번쯤은 바닷가 모래밭을 맨발로 걸어보고 찰랑이는 파도에 발도 적셔줘야 할 것 같은 생각이 들기도 한다. 그리고 가족과 함께 멋진 해변에서 우리만의 추억 하나쯤 갖는 것도 꽤 좋은 선택이다. 그런 사람들에게는 이탈리아 남부의 아말피를 만난 것은 신이 주신 선물이다.

● 아말피

　아말피는 이탈리아 남부에 위치한 소렌토, 포지타노, 프라이아노
(Praiano), 라벨로(Ravello), 살레르노(Salerno)를 잇는 해안선을 일컫는
다. 미국의 〈내셔널 지오그래픽〉에서 선정한 '죽기 전에 꼭 한번 가봐
야 할 곳 50선'에서 낙원 부문 1위를 차지했다. 이 지역에서 마음에 드
는 한 곳에 숙소를 정하여 짐을 풀자. 아름다운 해변에서 이탈리아의
태양과 바다를 즐겨보자. 세상을 떠나 천상에 온 것 같은 느낌을 간직
하게 될 것이다. 파란 하늘에 둥실 떠 있는 구름처럼 가야 할 곳도 없
고 할 것도 없는 시간을 누려보자. 어슬렁거리며 해변과 골목길을 거
닐어도 좋다. 어느 한가한 날에 작은 가방 하나 둘러메고 근처의 작은
마을을 둘러보는 것도 괜찮다.

　아말피는 그리스 신화의 헤라클레스가 아끼던 요정 '아말피'가 죽
자 세상에서 가장 아름다운 섬에 아말피라는 이름을 붙였다는 유래가

있는 곳이다. 아말피를 대표하는 산책로인 신들의 길(Sentiero degli Dei)
과 페리에리 계곡(Valle delle Ferriere)도 걸어보자. 작고 아름다운 마을
을 두리번거리다가 맘에 드는 해변을 만나면 쉬어가고, 괜찮은 레스
토랑에서 별생각 없이 주인장이 추천해주는 요리를 즐겨보자.

이 외에도 바다의 신 포세이돈에서 유래된 포지타노와 여유로운
분위기의 소렌토가 있다. 포지타노는 해안 절벽을 따라 형형색색의
집이 올라앉은 멋진 곳이다. 소렌토는 깎아내린 듯한 절벽 아래로 바
다가 눈부시게 빛나는 곳이다. 해가 질 무렵에 전망 좋은 곳에 서서
바라보는 지중해의 석양은 인생에서 가장 황홀한 순간으로 간직될 것
이다. 에메랄드빛 바다를 품고 있는 소렌토가 그대에게 외친다. 돌아
오라 소렌토로~

● 소렌토

# 정다운 친구들과
## 스페인 일주

### 겨울철에도 여행하기 좋은 유럽의 창고

우리에게 익숙한 국명인 스페인은 에스파냐(España)의 영어식 표기다. 스페인어로는 에스파냐라고 한다. 한때 대서양을 지배했고 아메리카 대륙 발견의 결정적인 역할을 한 나라이며 다양한 문화가 공존하는 매력적인 나라다. 스페인은 유럽의 다른 나라와 구별되는 특징이 있다. 그중에 우리에게 가장 와 닿는 것은 겨울철에도 여행할 만한 곳이라는 것이다. 우리나라의 가을이나 봄 날씨와 유사하다. 중ㆍ동부 유럽에 비해 겨울철에도 해가 길다. 그래서 유럽을 가고 싶은 겨울 여행객에게 적격인 곳이다. 그리고 물가가 저렴하다. 유럽의 창고로 불리는 곳으로 신선한 먹거리가 풍부하며 저렴하다. 우리나라 여행객들이 음식에 대한 만족도를 후하게 주는 여행지이기도 하고 중저가 브랜드들이 많아서 마음 편한 쇼핑도 가능한 곳이다. 이런저런 이유로 여자들이 친구들과 함께 가는 여행지로서 인기가 높다. 그래서 스페인은 친구들과 함께 가는 여행으로 소개해보겠다.

친구들과 여행을 준비하다 보면 날짜 정하는 것도 만만치가 않다. 그리고 기간도 길게 잡기가 어렵다. 9일 일정을 기본으로 하고 추가할 수 있는 지역을 첨부하는 방식으로 소개하겠다. 일정을 짧게 하는 것이 길게 하는 것보다 어렵기 때문이다. 방대한 스페인을 짧은 기간 효과적으로 즐길 수 있는 반자유 여행으로 소개한다.

> ### ⊙ 스페인 여행 추천 루트
> 1일 차, 마드리드 → 2일 차, 세고비아, 톨레도 → 3일 차, 세비야, 알카사르 → 4일 차, 론다 → 5일 차, 그라나다 → 6~8일 차, 바르셀로나 → 9일 차, 귀국

## 1일 차, 건강한 비행이 건강한 여행의 시작이 된다

첫날 스페인으로 가는 대표적인 하늘길은 마드리드(Barcelona)와 바르셀로나(Barcelona)다. 볼거리가 많고 또 쇼핑하기도 좋은 바르셀로나를 마지막에 들르는 일정으로 하는 것이 좋다. 첫날은 시차 적응 등으로 정신이 맑지 않아 집중력도 떨어지고, 쇼핑을 첫날 하게 되면 짐이 되기 때문이다. 가장 들뜨고 재밌게 하는 여행이 친구들과 함께 가는 여행이다. 공항에 일찍 나가서 함께 밥을 먹으면서 여행을 주제로 수다를 떠는 것도 좋다.

혹시 라운지를 이용할 수 있다면 적극 활용하자. 멤버십인 친구가 있다면 추가 요금을 내서라도 함께 즐기자. 라운지를 이용하지 않더라도 일찍 가면 좋다. 기내에서 좋은 자리에 앉을 수 있는 행운을 기대할 수 있다. 친구들과 함께 갈 때는 친구 옆자리가 가장 좋은 자리다. 5인 이상의 친구 모임이라면 343좌석 배치일 때 창 쪽 3열에 세

명씩 앞뒤로 앉거나, 창 쪽에 3열과 통로를 사이에 두고 옆으로 2~3열을 사용하면 좋다. 친구들과 갈 때는 맨 뒷자리도 괜찮다. 승무원들과도 가까워서 이것저것 서비스 받기도 좋고 화장실도 편하다.

비행 12시간을 지혜롭게 활용하는 방법으로는 이륙하고 3~4시간은 쇼핑 리스트도 만들어보고 현지 여행 자료도 정리하면서 일행과 대화를 나누며 보내는 것이 좋다. 이 시간에는 안전벨트 안내와 음료 및 식사 제공 등의 서비스가 있으며 들뜬 마음에 잠을 청하기도 어렵다. 준비와 점검의 대화 시간을 갖는 것이 적당하다. 기내식에 와인 한 잔하고, 영화 한 편 보다 보면 어느새 잠들어 있는 친구를 볼 수 있다. 이렇게 나도 모르게 잠들 수 있으니 영화 시청 전에 양치하러 화장실에 다녀오자. 불편한 자세로 새우잠을 자는 것이라 자다 깨다를 반복할 것이다. 그렇게 비몽사몽의 시간을 보내고 나면 잠도 안 오고 무료한 시간이 찾아온다. 친구와 마음속 이야기를 방해받지 않고 하기에 좋은 시간이다. 혼자서 이것저것 생각하기도 좋은 시간임은 물론이다. 참고로 마드리드 숙소에 도착하는 시간이 밤 9시쯤이다. 가급적 잠을 아껴야 한다.

그리고 꼭 해야 할 것이 있다. 한 번 이상 자리에서 일어나 기내 산책을 하고, 간단한 스트레칭을 하자. 그리고 자리에 앉아 있을 때는 때때로 손을 주물러주고 발끝을 움직여주자. 신은 벗고 있는 것이 좋다. 그리고 물을 자주 마시자. 귀찮아서 하기 싫다고? 혹시 '이코노미 클래스 증후군'이라고 들어보았는가? 좁은 의자에 앉아 장시간 비행하다 보면 피가 돌지 않아 다리가 붓고 저려오는 증상 등을 말하는데 생각보다 위험하다. 조금만 움직이고 챙겨주면 될 일인데, 호미로 막을 것을 포크레인으로 막아야 할 일로 만들지 말자. 한참의 시간이 지나서 '도대체 언제 도착하는 거야?' 하는 생각이 들고 지루함이 극에 다다를 즈음에 "뜨겁습니다"라는 소리와 함께 물수건이 제공될 것이다. 먹을 것을 주겠다는 메시지로 이해하면 되겠다.

일반적으로 도착 전 식사는 간단한 메뉴로 제공된다. 마드리드 바라하스 국제공항(Madrid Barajas Airport)에는 저녁 6시 정도에 도착한다. 숙소에 도착하면 밤 9시가 넘을 것이다. 가볍게 산책을 하거나 더운 물로 몸을 씻고 푹 자도록 하자. 대항해시대를 연 에스파냐 일정의 대장정이 시작되는 첫날 밤이다. 친구들과 함께 좋은 꿈 꾸길. 잠깐! 그냥 자기 뭐해서 친구들과 수다를 떨더라도 컵라면은 자제하자. 눈 붓는다. 얼큰해지면 사진 버린다.

### 2일 차, 많은 사람이 톨레도 때문에 마드리드에 온다

볼 것 많은 스페인은 10일도 짧게 느껴진다. 아쉽게도 일반적인 휴가 기간이 5일이다. 5일 휴가로 최대한 길게 쓸 수 있는 기간이 앞뒤로 주말을 붙인 9일이다. 그래서 조금 바쁘게 움직이는 일정이다. 더 여유 있게 갈 수 있는 사람은 주요 도시에서 머무는 시간을 길게 갖고 주변 도시인 세고비아(Segovia) 등을 더 보거나 여유를 즐겨도 좋다.

오늘의 주제는 톨레도(Toledo)다. 마드리드의 랜드마크를 오전에 보고 이른 오후에 톨레도로 갈 것을 추천한다. 마드리드는 공기가 좋은 편이 아니기에 비교적 공기가 맑은 아침에 보고 톨레도는 저녁 시간까지 머물면서 석양을 즐기기 위한 이유도 있다.

골목골목을 다니며 작은 상점들과 카페와 레스토랑들을 둘러보면 중세시대에 기사들이 차고 다녔을 것 같은 검을 파는 곳이 보이는 이유는 톨레도가 과거에 철제 생산과 특별히 검 제작으로 유명한 곳이었기 때문이다. 아직까지도 여전히 시 중심부에는 칼과 철제 생산품을 생산하고 있다. 손님들과 여행을 다니다 보면 "칼은 한국에 못 갖고 가죠?"라고 물어보는 분들이 있다. 특별히 흉기가 될 만한 도검류 외에는 가능하다. 아마도 기내 반입 금지 안내를 보거나 듣고 그렇게 생각하는 것 같다. 부치는 짐에 넣으면 된다.

대성당도 보고 골목도 기웃거리다 보면 어느새 '시간이 이렇게 지났어?' 하게 된다. 그런데 잊지 말고 꼭 챙겨야 하는 것이 있다. 해 질 녘에 톨레도 전망대의 미라도르 델 발레(Mirador del Valle)에서 석양이 물드는 모습을 감상하는 것이다. 그리고 톨레도의 석양을 배경으로 인생샷 한 장 건지자. 일몰 때 미라도르 델 발레에서 보는 톨레도는 마술처럼 느껴질 수도 있다.

시내에서 전망대를 갈 때는 택시를 타거나 우리나라의 코끼리열차와 비슷한 트레인비전(Trainvision)을 타면 전망대로 왕복 여행을 할 수 있다. 인생샷까지 찍고 마드리드에 돌아오면 꽤 늦은 밤이 되어 있을 것이다. 내일 세비야(Sevilla)로 떠날 차비를 하다 보면 졸음이 쏟아진다. 그러니 짐 꾸리기 전에 화장 지우고, 씻고 잘잘 준비를 하는 것이 좋다. 짐을 꾸리다 졸리면 그냥 쓰러져서 자라. 이 또한 여행자의 특권이다.


### 3일 차, 세비야에는 정말 이발사가 유명할까?

마드리드에서 서남쪽에 있는 세비애는 버스로는 5시간, 기차로 2시

● 톨레도

간 30분 정도 소요된다. 오페라 〈세빌리아의 이발사〉로 익숙한 곳이
다. 구시가에 촘촘히 연결된 폭이 좁은 골목들이 거미줄처럼 얽혀 있
다. 차 한 대 간신히 지나가는 좁은 골목이 구불구불 연결되어 있다.
길을 잃어버리기 딱 좋은 곳이다. 〈꽃보다 할배〉의 이서진도 진땀을
뺀 곳이다. 걱정할 건 없다. 세비야 대성당(Sevilla Cathedral)을 중심으로
도보로 이동 가능한 거리에 볼 것들이 모여 있다. 반자유 여행이니 대
성당은 가이드가 설명하는 공식 일정에 포함이다.

대성당 옆에 있는 유적지 알카사르(Real Alcazar de Sevilla)는 시간 내
서 꼭 한번 둘러보자. 그라나다(Granada)에서 보게 될 알함브라 궁전
(The Alhambra)의 예고편 느낌이라 색다른 경험이 된다. 친구들과 함께
마차 투어를 하는 것도 추천한다. 겨울에는 오렌지를 많이 보게 된다.

가로수가 오렌지나무다. 탐스러운 오렌지가 주렁주렁 열려 있고 길가에도 뒹굴고 있다. 과일가게에서는 5유로에 작은 양동이 하나 가득 담아준다. 달고 맛나다. 골목길을 다니다 보면 스페인의 전통 무용 플라멩코(Flamenco) 공연을 홍보하는 모습을 보게 된다. 그라나다에서는 볼 수 없는 진짜 플라멩코를 보라고 유혹한다. 참고로 그라나다에서는 알함브라 궁전 야경과 함께 패키지 투어를 판매한다. 두 번 다 볼 게 아니라면 잘 생각하자. 세비야에서는 저녁 시간을 여유 있게 즐겨보자.

　마드리드에서는 시차 때문에 피곤하고 톨레도를 다녀오는 등 바쁜 일정이었다. 그래서 친구들과 저녁 시간을 느긋하게 즐기지 못했을 것이다. 세비야는 마드리드와는 분위기가 많이 다르다. 아기자기한 골목길 모퉁이에 수채화 분위기의 레스토랑들을 그냥 지나치기엔 미안한 마음이다. 야외 테이블에서 친구들과 와인 한잔하며 옛 추억 위에 스페인 추억을 업데이트해보자. 고맙게도 와인이 저렴하다.

## 4일 차, 아름다운 낭만과 협곡의 도시 론다

　알함브라 궁전이 있는 그라나다로 이동하는 날이다. 그러나 4일 차의 주제는 가는 길에 들를 헤밍웨이가 사랑한 론다(Ronda)다. 헤밍웨이의 소설 《누구를 위하여 종은 울리나》는 다락방 천장에 매달린 백열등 불빛 아래서 문고본으로 읽었던 추억이 담긴 책이다. 미국 청년 로버트 조던과 전쟁으로 부모 잃은 소녀 마리아의 사랑 이야기로 가슴 뜨거웠던 책이다. 헤밍웨이가 37세 때 스페인 내전에 공화파 의용군 기자로 참전한 경험을 바탕으로 저술했다고 한다. 그에게 노벨상을 안긴 이 책의 배경과 집필을 시작한 곳이 론다. 그리고 영화의 촬영지이기도 하다.

론다는 세비야에서 남동쪽으로 차로 2시간 거리에 있다. 협곡과 절벽을 끼고 앉은 낭만 넘치는 아름다운 도시다. 론다를 여행하면 '사랑하는 사람과 로맨틱한 시간을 보내기 좋은 곳'이라는 헤밍웨이의 평가를 이해하게 된다. 론다에 도착해서 가이드의 설명을 들으며 걷다 보면 전망 좋은 멋진 장소에 도착한다. 바로 '헤밍웨이 산책로'다. 이곳에선 눈으로 보고 발로 느끼기 전에 휘익~ 하며 안기는 것이 있다. 고지대 절벽 위를 달리는 바람이다. 어느 산책로와는 분위기도 남다르다. 탁월하다. 탁 트인 절벽 위에서 보이는 사방이 끝 간 데 없다. 대지와 구릉이 장엄하게 펼쳐져 있다. 그리고 저 멀리 산 능선이 눈에 들어온다. 절벽은 내려다보기 아찔할 정도다. 절벽 높이가 약 200m다.

이곳과 헤밍웨이의 삶이 닮았다는 생각이 든다. 이곳엔 죄가 없는 사람은 뛰어내려도 바닥에 닿기 전 천사가 구해준다는 전설이 있다. 아직 확인해본 사람은 없다. 산책로는 절벽을 따라 이어져 있다. 난간을 잡고 낭떠러지를 넘겨다보는 것만으로도 온몸이 짜릿하다. 갑자기 성큼 다가온 다리가 보인다. 헤밍웨이가 즐겨 찾았을 누에보다리(Puente Nuevo)다. 이 다리는 론다의 상징이다. 신시가지와 구시가지를 사이에 두고 깊은 협곡에서 솟아올라 양쪽을 연결하는 론다의 중심 다리다. 책의 마지막 장면에 로버트 조던이 사랑하는 마리아를 보내고 죽기 전에 폭파했을 그 다리일까? 누에보 다리가 보이는 카페에서 헤밍웨이가 스쳤을 바람을 맞으며, 따뜻한 차와 더불어 잠시 쉬어가자. 죽음을 앞둔 로버트가 사랑하는 마리아에게 들려준 가슴 떨린 그 말을 온몸으로 듣고 가자.

● 누에보 다리

"이 세상에 너 하나뿐이라서 널 사랑한 게 아니라, 널 사랑하다 보니 이 세상에 너 하나뿐이다."

헤밍웨이, 로버트, 마리아와 함께하는 차 한잔의 추억을 만들기 위해서는 자유 시간을 길게 달라고 가이드에게 요청해야 한다. 잊지 말고 미리 요청하자. 론다에서의 시간은 바람이 스치듯 아쉽기만 하다.

꿈 같은 시간을 바람과 함께 보내고 드디어 그라나다로 출발한다. 버스 밖에서는 점점 작아지는 론다가 창밖으로 지나간다. 참고로 론다는 근대 투우의 발상지라고도 한다. 론다 출신의 유명한 투우사 페드로 로메로(Pedro Romero) 때문이다. 본래 투우 경기는 투우사가 말을 타고 소를 창으로 찌르는 형식이었는데 한 번은 페드로가 경기 중 말에서 떨어져 위기에 처했다. 그런데 그가 입고 있던 옷을 활용해 달려

드는 소를 피함으로써 그때부터 투우 방식이 바뀐 것이다.

## 5일 차, 그라나다의 붉은 성 알함브라 궁전

여행의 중반을 넘어서는 시점이다. 론다를 지나면서 이사벨(Isabel) 여왕의 카스티야왕국(Reino de Castilla) 투어를 마치고 그라나다왕국을 보는 날이다. 아름다운 성 알함브라 궁전이 있어 더욱 빛나는 곳, 여독을 풀 수 있는 그라나다에서는 2박을 추천한다. 마지막 술탄인 무함마드 12세 보압딜(Boabdil)은 나라를 빼앗길 때 '영토를 빼앗기는 것보다 이 궁전을 떠나는 게 슬프구나'라며 눈물을 흘렸다고 한다. 그 아름다운 궁전을 내 마음에 담아보자.

알함브라 궁전은 아름답고 넓은 데다가 관광객들이 늘 넘쳐난다. 헤네랄리페(Generalife), 카를로스 5세 궁전(Crarlos), 나스르 궁전(Nazaries), 알카사바(Alcazaba) 등 크게 네 구역으로 나뉜다. 구경하다 보면 분수를 자주 보게 되는데, 건조한 기후였던 그라나다에서는 물 확보가 가장 중요한 문제였기 때문이다. 그래서 궁전과 집 근처에 우물이나 분수를 만들었고, 1년 내내 알함브라 궁전 곳곳에 물이 흐르는 모습을 볼 수 있게 된 것이다. 물소리는 열기를 식혀주며, 갈증과 건조함을 달래주기까지 한다. 2시간 남짓 알함브라 궁전을 돌고 나면 피곤한 다리를 쉬면서 할 일이 있다. 바로 벤치에 앉아 아름다운 스페인의 대표 기타 연주자 프란시스코 타레가(Francisco Tárrega)의 〈알함브라 궁전의 추억〉을 듣는 것이다. 음악까지 챙겨 듣는 것이 유난스럽다고 생각될지 모르지만 꼭 한번 해보길 바란다.

알함브라 궁전의 이국적 풍광에 기타 연주의 어울림은 잊지 못할 추억이 될 것이다. 순간을 감싸던 평온함과 아련함은 이 곡을 들을 때마다 되살아날 것이다. 그리고 상당한 시간과 체력이 필요한 곳이므로 생수와 간단한 간식을 챙겨가면 좋다. 공중화장실이 있는 카를로스 5세 궁전 근처나 야외 정원에서는 음식을 먹을 수 있다. 간식을 먹으며 휴식과 관광을 조화롭게 했다면 점심을 시내의 맛집에서 여유 있게 즐겨도 좋다. 아니면 스페인의 전채요리 타파스(Tapas)를 먹으며 오후를 즐기는 것도 추천한다.

저녁 시간에는 누에바 광장(Plaza nueva) 근처에서 가이드를 만나 야간 투어를 하자. 복잡한 골목길을 지나 성 니콜라스 전망대(Mirador de San Nicolas)에서 해 질 녘의 알함브라를 바라보면 감회가 새로울 것이다. 알바이신(Albaicin) 마을로 가서 플라멩코 공연을 보는 것도 좋은 경험이 될 것이다. 집시들의 애환이 깃든 춤이다. 어떻게 보면 투박해 보일 수도 있지만 이색적이고 남다르기에 유명한 것이고 볼 만한 가치가 있다고 생각한다.

공연 관람을 마치고 인파에 섞여 조금 전 전망대로 다시 가자. 앞서 가는 사람들의 탄성이 들릴 것이다. 그토록 보고 싶어 했고 오랫동안 기억될 아름다운 광경이 눈 앞에 펼쳐질 것이다. 아름다운 광경을 사진으로 잡아두려고 분주한 사람들의 모습을 볼 수 있을 것이다. 동유럽 프라하의 일정에서 소개한 야간 촬영 기법이 여기서도 빛을 발하길 바란다. 너무 서두르지 말자. 우선은 눈으로 보고 가슴으로 느끼며 즐기자. 그리고 마음에 담아두자. 그렇게 시간이 지나고 나면 하나둘 사람들은 사라지고 사진 찍을 공간이 생긴다. 이렇게 낮에 본 알함브라 궁전의 추억이 야경 투어로 감동이 되어 돌아온다. 오늘 밤은 일찍

● 알함브라 궁전

잠들긴 틀렸다. 친구들과 함께한 잊지 못할 추억을 서로의 가슴에 아름답게 그려두자.

### 6일 차, 피카소와 가우디의 고향 바르셀로나

어젯밤에 늦게 잠든 흔적이 어딘가에 남아 있을 6일 차 아침은 공항으로 간다고 마음 분주한 시간이다. 두고 가는 것이 없는지 다시 한 번 살펴보자. 그라나다에서 버스를 타면 바르셀로나까지 대략 9시간이 걸린다. 시간을 단축할 수 있도록 항공편을 이용하자. 잠깐 동안의 비행이지만 꿀잠을 잘 것이다. 혹시 기내에서 간식을 준다 해도 그냥 잘 것을 추천한다. 바르셀로나가 활기찬 모습의 나를 기다리고 있다. 바르셀로나는 스페인에서 두 번째로 큰 도시이자 가장 큰 항구도시다. 그리고 프로축구 FC바르셀로나로 유명한 곳이다. 그리고 화가 파블로 피카소(Pablo Picasso)와 건축가 안토니오 가우디(Antonio Gaudi)의 고향이다. 여행객에게는 맛집이 많고 쇼핑하기 좋은 곳으로 유명하다. 여행객들을 인솔하며 쇼핑과 만족에는 관계성이 있다는 것을 알게 되었다. 여행의 만족도가 높은 사람들은 대부분 쇼핑을 많이 한다. 우스갯소리로 '쇼핑은 만족의 척도다'라고 할 정도다.

사진을 찍는 이유 중 하나가 아름다운 풍경과 함께 행복한 순간을 잡아두고 싶은 마음이라면, 쇼핑은 물건을 간직함으로써 행복한 순간을 언제든지 꺼내 볼 수 있도록 하는 요소가 아닐까? 또는 그 마음을 사랑하는 사람에게 전해주고 싶은 아름다운 마음일 것이다. 오늘은 바르셀로나의 첫날이다. 중요한 쇼핑 품목에 대한 사전 조사 겸 가볍게 둘러보는 것도 좋다. 그리고 먹거리 체험은 친구와 함께하는 여행에서 언제나 진리이다.

## 7일 차, 거리 곳곳에 살아 있는 예술의 숨결

본격적인 투어를 시작하기 전, 여행 출발 전 예습한 것을 잠시 훑어보자. 바르셀로나는 다른 지역과 사용 언어가 다르다. 스페인어도 쓰긴 하지만 보통 카탈루냐어를 많이 사용한다. 길거리에서도 안내 표지판 같은 것들은 카탈루냐어가 가장 먼저 나오며, 그 외 영어나 스페인어가 혼용되어 사용된다.

바르셀로나는 스페인광장, 몬주이크(montjuic), 구엘 공원(Parc Guell), 카사 바트요(Casa Batlló), 카사 밀라(Casa Milá), 바르셀로네타(La Barceloneta), 사그라다 파밀리아 성당(Sagrada Familia), 몬세라트

(Montserrat) 등 중요 관광지가 많다. 이 관광지들은 가우디 투어를 통해 구경하는 것을 추천한다. 가우디 투어는 바르셀로나 곳곳에 있는 가우디 작품들을 거점으로 삼고 구경하는 투어로 세세한 설명을 들을 수 있어 좋다. 여러 종류의 가우디 투어가 많아 취향과 일정에 맞춰서 예약하면 된다. 참고로 사그라다 파밀리아 성당은 가우디가 설계한 성당으로 1935년 스페인 내전으로 인해 완공하지 못했고, 이후 2022년 현재까지 건축 중이다.

● 사그라다
파밀리아 성당

오전에는 가우디 투어에 집중하고 오후에는 람블라 거리(Las Ramblas)에서 자유 일정을 시작해보자. 보케리아 시장(Boqueria Market)을 지나 콜럼버스 기념탑(Mirador de Colóm)과 포트 벨(Port vell) 항구로 이어지는 번화한 거리를 걷다가 쉬다가 하면서 쇼핑을 즐길 수 있다. 쇼핑으로 손이 무거워졌다면 잠시 숙소에 들러 짐을 두고 오는 것도 좋다. 마지막 날이다. 흥분과 아쉬움 그리고 익숙함이 주는 편안함에 긴장감은 간데없고 풀어진 마음 때문인지 분실 사고가 자주 발생하는 날이다. 친구들아, 조금만 더 신경 쓰자.

카탈루냐 광장(Plaza de Catalunya)을 중심으로 바닷가 쪽으로 람블라 거리와 포르탈 드 랑헬(Portal de l'1Angel) 거리가 있다. 반대편에는 그라시아 거리(Passeig de Gracia)가 있다. 람블라 거리는 서울의 명동과 비슷한 느낌이다. 관광객이 항상 붐비는 곳으로 다른 지역에 비해 물가가 비싸다. 아이쇼핑과 활기찬 거리를 즐긴다고 생각하면 좋다. 포르탈 드 랑헬 거리에서 대부분의 쇼핑이 이루어진다. 인터넷 검색을 하면 와르르 나오는 쇼핑 품목들을 참고하여 출발 전에 나만의 리스트를 만들어두자. 개인적으로 괜찮다고 생각한 것은 에스파드리유(Espadrille, 에스파르토 노끈으로 밑창을 만든 신발)다. 여름 신발로 유명하다. 친환경적인 가벼운 신발로, 천연 재료를 사용해 만드는 게 특징이다. 한국인 관광객이 많아 한국어 안내문도 따로 마련되어 있으며, 신발 사이즈도 한국 사이즈에 맞춰 알기 쉽게 적어놓았다. 디자인과 종류도 매우 다양하다. 참고로 친절은 기대하지 말자. 실망할 수 있다.

일정을 마치고 숙소에 돌아오면 제법 피곤하다. 본 것도 많고 들은 것도 많은 하루였다. 그리고 방 안 가득 쇼핑백이 널려 있을 것이다.

내일은 그리운 집으로 돌아가는 날이다. 잠들기 전에 친구들과 쇼핑 품평회를 해보자. "어머 그거 괜찮다", "어디에서 얼마에 샀어?" 하면서 웃음꽃을 피우는 대화로 즐거울 것이다. 다행히 내일은 저녁 비행기로 출발한다. 오후에 잠깐 추가 쇼핑을 위한 짬을 낼 수 있다. 탁송 화물용 짐을 쌀 때 내일 추가될 물건이 들어갈 자리를 비워두자.

### 8일 차, 바르셀로나에서 인천으로

오전에 간단하게 관광하고 자유 시간을 길게 달라고 요구하는 사람이 많을 날이다. 가장 중요한 이유는 쇼핑이다. 밥 먹는 시간도 아깝다고 하는 사람들이 많다. 짐을 잘 챙겨서 호텔에 맡겨두거나 버스에 실어두고 가벼운 차림으로 출발하자. 가벼운 쇼핑백을 휴대하는 것도 좋다. 마지막 날을 지혜롭게 즐기기 위해서 쇼핑 리스트를 작성해둔 것이 유용하다. 자유 시간을 마치고 집결 장소에는 약속시간보다 최소한 20분 일찍 도착하도록 계획하자. 그렇게 생각해야 늦지 않는다. 혹시 정말로 20분 전에 도착한다면 근처의 카페에서 차 한잔하

## 손쉬운 소매치기 예방법

세 명 이상 함께 다닐 경우, 한 사람이 나머지 일행과 한 걸음 뒤에서 거리를 두고 지켜보는 형태를 유지하는 방법이 효과적이다. 이 대형을 유지하고 있으면 표적에서 제외되는 효과가 있다. 그리고 모든 가방은 앞으로 메거나 손으로 직접 들자.

면서 여유를 즐기자. 꿀처럼 달콤한 휴식이 될 것이다. 이때 가이드에게 먼저 도착해 있다고 연락해 주는 센스를 발휘하자. 가이드가 고맙게 생각하며, 교양 있는 사람으로 기억할 것이다. 다시 12시간을 비행해야 한다. 생각만 해도 끔찍하다고? 걱정할 것 전혀 없다. 친구들과함께하는 시간이다. 그간의 정에 함께한 스페인이 더해져서 이야기꽃이 활짝 필 것이다. 그렇게 수다를 떨다 보면 하나둘 친구들은 꿈나라로 갔다 왔다를 반복하며 그야말로 꿈같은 시간이 흘러간다.

### 9일 차, 인천~ 홈 랜드

어느새 인천공항에 곧 도착한다는 안내 방송이 들릴 것이다. 친구들의 따듯한 가슴에 오래 기억될 추억을 넣어두고 각자의 둥지로 돌아갈 시간이다. 웃으며 "안녕"이라고 할 수 있는 것은 또 만날 거라는우정을 믿기 때문이다. 헤어지기 전에 가급적 뒤풀이 만남을 약속하면 좋다. 건강하게 장수하는 사람들의 공통점이 '친구가 있다'는 거라고 한다. 소중한 친구들과 좋은 시간을 갖기 위해 서로 노력하자.

> 인생에서 인간이 가질 수 있는 모든 것은 가족과 친구라는 것을 알게되었다. 이들을 잃게 되면 당신에겐 아무것도 남지 않는다. 따라서 친구를 세상 그 어떤 것보다 더 소중하게 여겨야 한다.
> — 미국 애니메이션 감독 랜돌프 트레이 파커 3세(Randolph Trey Parker III)

## 심심한 힐링의
## 천국 호주

### 여유롭고 편안한 힐링의 여행지

호주와 뉴질랜드를 다녀온 고객이 한 말 중 기억에 남는 말이 있다. "호주와 뉴질랜드는 심심한 천국이다." 어느 정도 맞는 말이다. 여행업에 오래 종사하면서 여행지마다 선택의 이유가 있다는 것을 알게되었다. 대체로 호주와 뉴질랜드는 여기저기 다 가본 사람들이 찾는 곳이다. 그리고 의외로 모임이나 행사 성향의 단체 여행객들이 자주 선택하는 여행지다. 단체 여행객들이 선호하는 가장 큰 이유는 안 가본 멤버들이 많은 곳이기 때문이다. 그리고 이제는 안전한 나라라는 이유가 하나 더 추가될 것 같다. 참고로 호주는 오스트레일리아가 정식 이름이며, 한자로 표현할 때 호주라고 부른다.

나는 호주와 뉴질랜드를 심심한 천국이라고 표현했는데, 이 말이 나에게는 힐링 여행지라는 뜻으로 와 닿았다. 심심하기에 쉼이 가능한 것이다. 볼 것 많고 멋진 경관에 감탄하는 유럽 여행에서는 좀처럼 느끼기 어려운 편안함과 여유가 이곳의 장점이다. 그리고 그 장점이

늘 바쁘게 사는 대한민국 사람들에게는 꼭 필요한 힐링의 조건이 된다. 이제 남반구의 심심한 나라로 마음 편하게 힐링하러 떠나보자. 호주 추천 루트는 브리즈번에서 시작하는 일정과 시드니에서 시작하는 일정 그리고 하루 이틀 더 있을 수 있을 때 가면 좋은 곳들을 소개할 예정이다.

---

### ⊙ 호주 여행 추천 루트

1~2일 차. 브리즈번 또는 시드니 → 3일 차. 골드코스트 또는 포티 스테판스 → 4~5일 차. 시드니 → 6일 차. 귀국

[+ 1일] → 6일 차. 시드니 → 7일 차. 귀국
[+ 2일] → 6~8일 차. 멜버른 → 8일 차. 귀국

---

### 1일 차, 밤 비행기로 지나는 적도의 하늘

남반구로 가는 하늘길은 밤에 열린다. 브리즈번(Brisbane)으로 가든 시드니(Sydney)로 가든 두 곳 다 저녁 출발이다. 좋은 점은 출발에 여유가 있다는 것이나. 낭연히 불편한 점도 있겠지만, 일단 비행시간 내내 자자. 현지에 도착하면 이른 아침이다. 몸도 불편하고, 몰골도 사진으로 남기고 싶은 상태가 아닐 가능성이 크다. 좋은 점은 즐기고 불편한 점은 커버하자. 이곳은 계절이 우리와 반대다. 그러니 옷가지 등의 준비가 필요하다. 어쩌면 여행을 위한 쇼핑을 해야 할 수도 있다. 저녁 출발의 장점을 살려서 찬찬히 즐기면서 준비해보자. 여행사에서 쇼핑 시간을 보완해줘야 할 것이다.

## 2일 차, 브리즈번에서 시작된 힐링 투어

금강산도 식후경이라는 말이 있다. 좋은 여행을 위해서 활력은 필수 조건이다. 그러니 오늘은 지친 몸을 쉬게 하는 일정이다. 자는 듯 마는 듯 선잠으로 몽롱한 상태가 개운해지도록 2시간 정도 버스로 이동하면서 컨디션을 조절해보자. 경험자들은 버스로 이동할 때의 꿀잠 효과를 알 것이다. 가이드의 안내를 자장가 삼아 힐링하는 첫 일정이다. 잠깐 졸았다고 생각했는데, 그만 자고 일어나라고 가이드가 깨운다. 맛있는 열대 과일도 맛보고 호주의 동물들도 구경하는 트로피칼(tropical) 과일 농장으로 왔다. 동물들도 쌩얼이니 특별히 내 몰골이 부끄러울 건 없다. 오히려 잘 어울린다. 트랙터(tractor)를 타고 농장을 둘러보며 신기한 과일나무들에 관해 설명해준다. 들을 땐 재미있게 들어도 귀국하면 기억이 안 날 것이다. 맛있게 먹은 기억만 남는다. 그렇게 오감으로 힐링하는 것이 호주 여행의 매력이다.

점심 식사 후 전 세계적으로 알아주는 휴양도시 골드코스트(Gold Coast)의 바다를 조망하는 일정을 갖자. 길게 펼쳐진 멋진 해변을 한눈에 볼 수 있는 곳이 있다. 바로 스카이포인트(SkyPoint) 전망대다. 전망대에 올라 남태평양을 배경으로 인증샷을 찍을 것이다. 장시간 비행기 탄 모습인데 사진이 잘 나오냐고? 믿기지 않겠지만 잘 나온다. 호주 자연엔 쌩얼이 잘 어울리나 보다. 호주 여행을 인솔하다 보면 '밤 비행기로 와서 피곤한데 쉬게 해주지, 왜 힘들게 끌고 다니냐'고 하는 분들이 있다. 안타깝지만 호텔 체크인 시간이 4시쯤이다. 그렇지만 조금 당겨놓았다. 이제 숙소로 가자. 호텔에 도착하면 3시 정도가 된다. 저녁 식사 시간까지 약 3~4시간의 휴식 시간이 주어진다.

저녁 식사는 바다가 보이는 괜찮은 레스토랑에서 스테이크를 즐길 수 있다. 식후에 주변의 바닷가를 산책하고 사진도 찍고 편안히 즐기는 자유 시간이다. 일정을 모두 마치고 호텔로 돌아오면 8시가 넘을 것이다. 잠이 안 오는 사람은 바닷가에 나가보자. 밤바다 모래밭을 걷다 보면 조금 다른 무언가를 느낄 수 있다. 모래 밟는 소리가 다르다. 마치 눈을 밟을 때 나는 소리가 들릴 것이다. '뽀드득' 신발을 벗어들고 맨발로 걸어보자. 발에 밟히는 모래의 감촉은 오랫동안 기억에 남을 것이다.

골드코스트의 해변에서 모래를 즐겼다면 하와이를 절반쯤은 가본 것과 같다. 하와이는 해안선의 모래를 유지하기 위해 골드코스트

● 골드코스트 해변

의 모래를 수입해가기 때문이다. 하와이는 바다가 모래를 삼키는 해변이다. 골드코스트는 복 받은 땅이다. 모래가 쌓이는 해변이기 때문이다. 그래서 Gold Coast인가? '되는 놈은 돌에 걸려 넘어져도 동전을 줍는다더니' 부러운 마음을 모래에 묻어두고 내일을 위해 숙소로 향하자. 참고로 해변에서는 음주 불가다. 요즘은 우리나라에서도 안 되는 곳이 많다. 호주는 법 집행이 엄격한 곳인 점을 기억하자.

### 3일 차, 본격적인 호주 여행을 시작하자

역시나 별 일정이 없는 날이다. 사실 청정 국가 호주의 힐링 도시 골드코스트에서는 아무것도 안 하고 숨만 쉬어도 좋다. 골드코스트는 세계적으로 손꼽히는 아름답고 긴 해변으로 유명한 휴양도시다. 그리고 휴양도시답게 테마파크가 발달해 있다. 무비월드, 씨월드, 드림월드 세 곳 전부 각각의 특색이 있고 재미있다. 물론 어른들은 조금 식상할 수도 있다. 그렇다면 어디서 놀아야 할까?

하루 동안 세 곳을 다 본다는 것은 무리도 되거니와 의미도 없다. 그렇다고 한 곳을 정해서 다 같이 가는 것은 각자의 취향이 있고 가고 싶은 곳이 다를 수 있기에 역시 문제가 된다. 그리고 아무것도 안 하고 쉬고 싶어서 쉬고 있는데, 갑자기 맘이 변해서 가고 싶어질 수도 있다. 그런 것이 여행 아니겠는가? '쉴 수도 있고 즐길 수도 있는' 그게 가능한 일정이 있으면 좋겠다. '이렇게 하면 안 돼?' 하고 자연스럽게 떠오르는 생각이 있다. 바로 골드코스트 해변과 시내 중심 그리고 3대 테마파크를 운행하는 전용 셔틀버스가 있으면 좋겠다는 생각이다.

그래서 그렇게 준비했다. 전용 버스를 셔틀처럼 운행하고, 가이드는 중심 지역에서 대기하고 있다. 골드코스트에서는 마음 편히 다니고 거침없이 즐기자. 정말 모든 걱정을 떨쳐내고 마음 편히 즐기다가 힘들면 숙소에 들어가서 쉬고, 심심하면 다시 거리로 해변으로 나와서 즐기는 내맘대로의 여행에 흠뻑 취하는 날이다.

## 4일 차, 낮보다 아름다운 밤 시드니

만약 오늘 아침에 일어나기 힘들었다면 어젯밤을 불태워버린 사람이다. 24시간이 다 좋은 곳이지만 아침의 상쾌함은 다른 도시보다 월등히 좋은 곳이다. 해변을 걸어보자. 전 세계적으로 알아주는 아름다운 해변이 70km에 걸쳐서 이어져 있는 곳이다. 그중 가장 아름다운 16km의 서퍼스 파라다이스(Surfers Paradise) 해변을 두 발로 직접 밟아볼 수 있는 기회를 누리기를 바란다.

이제 아쉬운 마음을 짐가방에 넣어두고 비행기 타고 시드니로 가자. 2시간 남짓 가는 동안 대부분 잠을 잘 것이다. 신나게 놀았다는 증거다. 시드니에 도착하면 블루마운틴(Blue Mountains)을 제일 먼저 보게 된다. 시내에서 가는 것보다 공항에서 가는 것이 가깝기 때문이다.

지금까지 호주의 바다를 즐겼다면 오늘은 호주의 산을 보러 간다. 1시간 30분 정도 이동해서 가끔 뉴스에서 봤던 블루마운틴 국립공원(Blue Mountains National Park)에 도착한다. 블루마운틴에 자생하는 나무는 대부분 유칼립투스(gum tree) 종류다. 우리나라에서는 향균 도마를 만드는 나무로 알려져 있다. 코알라가 주식으로 먹는 나무이며, 수액에 알코올 성분이 있다. 그래서 한여름 무더위에 자연발생적으로 산불이 자주 나는 곳이다.

어떤 사람들은 우스갯소리로 코알라가 잠을 많이 자는 것은 알코올을 섭취해서 취한 것이라고 말하기도 한다. 물론 근거 없는 말이다. 그렇지만 이곳이 블루마운틴으로 불리게 된 것은 알코올 성분과 관계가 있다. 기온이 올라가면 유칼립투스 나무의 알코올 성분이 강한 햇빛에 기화되어 푸른 빛의 안개가 피는 것처럼 보이기 때문에 블루마운틴이라고 불리게 되었다고 한다.

케이블카도 타고, 포인트 장소에서 인증 사진도 찍고 블루마운틴의 이곳저곳을 둘러보고 시드니로 가자. 2시간 30분 정도 이동해서 숙소에 도착하면 저녁 식사까지는 조금의 여유가 있다. 시내 관광을 할 수도 있고 자유 시간을 즐길 수도 있다. 호텔이 시내 중심에 있다면 자유 시간도 좋고, 외곽에 있다면 관광을 하는 것도 좋다. 혹시 밤에 달링 하버(Darling Harbou)에 간다면 바닷속에 '니모'가 있나 보려고 머리 숙여 들여다보지는 말자. 없다. 그리고 위험하다. 군함이 정박할 수 있고, 대형 크루즈선이 입항할 정도로 깊은 바다다. 잊지 말고 달링 하버와 오페라하우스에는 꼭 가서 맥주 한잔하며 시드니의 낮보다 아름다운 밤을 만나보길 바란다.

## 5일 차, 시드니의 오페라하우스

오늘의 하이라이트는 오페라하우스를 보는 것이다. 가이드의 안내를 따라서 보게 된다. 인증샷도 찍고 내부도 둘러볼 것이다. 그 외에 본다이 비치(Bondi Beach), 갭 파크(The Gap Park), 유명한 뷰포인트인 맥쿼리 포인트(Mrs Macquaries Point) 등 자유 시간에 취향에 맞게 보고 싶은 곳을 보고, 가고 싶은 곳으로 가는 것이 좋다. 수산시장에서 착한

● 시드니의 오페라하우스

가격으로 즐길 수 있는 호주산 와인에 싱싱한 해산물을 맛보는 것도 추천한다. 전망대에 올라가서 회전 레스토랑에서 뷔페를 즐기며 시드니의 전경을 둘러봐도 좋다. 유람선은 저녁 시간이 풍광이 좋다. 그리고 쇼핑하느라 바쁜 날이 될 것이다. 숙소가 시내에 있다면 상대적으로 편안한 쇼핑을 즐길 수 있다. 내일은 아침 9시나 10시에 출발하는 항공편을 이용하게 된다. 호텔에서는 6시쯤 출발할 것이다. 자기 전에 미리 짐을 싸두는 것이 좋다.

### 6일 차, 한국으로 가는 날

아침 일찍 출발하는 날이다. 성실한 가이드라면 호텔과 실랑이 끝에 여행객들이 제대로 된 아침 식사를 할 수 있도록 할 것이다. 일반적으로 호텔에서는 체크아웃을 일찍 하는 투숙객에게 도시락을 제공

한다. 그러나 가이드는 제대로 된 아침 식사를 위해 식당을 조금 일찍 이용할 수 있게 해달라고 부탁했을 것이다. 사실 호텔 도시락이라는 것이 우리 식의 김밥이나 일본식 도시락이 아니고 부실할 정도로 간단하게 꾸려진다. 그리고 공항에서 먹어야 하는데 그것 역시 불편한 일이다. 그러니 가이드는 마지막 아침을 위해서라도 호텔과 실랑이를 하게 된다. 적도를 넘어 북반구로 돌아간다. 10시간의 비행이 처음 호주에 올 때보다 지루하게 느껴지는 것은 낮이기 때문이기도 하다. 며칠 동안 스테이크만 잔뜩 만났을 속에서는 기내식으로 비빔밥을 선택할 것을 요구할 것이다. 만약에 중간 위치의 자리에 배정받았다면 승무원에게 부탁해두자. 귀국행 기내식 비빔밥은 일찍 떨어진다.

## 2일 차, 시드니에서 시작하는 색다른 투어

앞서 말한 브리즈번에서 시작하는 여행과 2~3일 차만 일정이 다르다. 자, 브리즈번이 아닌 시드니에서의 2일 차 아침이 밝았다. 시드니 시내에 위치한 와일드 라이프 시드니 동물원(Wild Life Sydney Zoo) 또는 타롱가 동물원(Taronga Zoo)에 가보자. 와일드 라이프 시드니 동물원은 동물들에게 직접 먹이도 줄 수 있고 우리 안으로 들어가 사진도 찍을 수 있다. 이른바 체험형 동물원이다. 타롱가 동물원은 최대 규모의 동물원으로 케이블카를 타고 멋진 시드니의 전망을 볼 수 있다. 아이들이 최고로 좋아하는 일정이 될 것이다.

즐겁게 동물원을 구경하면 4시 이전에 숙소에 도착할 것이다. 숙소는 풀장이 리조트 객실들을 둘러싸고 있어서 객실에서 풀장으로 바로 들어갈 수 있는 오크스 퍼시픽 블루 리조트(Oaks Pacific Blue Resort)를 추천한다. 이곳은 객실 대부분이 수영장과 연결되어 있다. 수영장 주변으로 잔디 정원과 스파가 있다. 물놀이를 즐기다가 스파에서 따뜻하게 몸을 데우며 쉴 수 있다. 그리고 걸어갈 수 있는 거리에 대형마트가 있다.

아이들과 함께 왔다면 물놀이용품이 있으면 좋겠다는 생각이 들것인데 이곳에서 살 수 있다. 객실에는 간단한 취사도구와 식기 등이 있으니 과일이나 조리된 음식을 사서 야식을 즐길 수 있다. 가족들이 모여 앉아 다과를 즐기며 이야기꽃을 피울 수 있는 좋은 밤이다. 참고로 마트에서 구매한 물건을 수고스럽게 들고 올 필요가 없다. 카트를 리조트까지 갖고 올 수 있다. 일정한 어느 날에 마트에서 수거해간다. 우리나라도 이러면 좋겠다는 생각이 든다.

### 3일 차, 돌핀 크루즈와 모래 썰매

자, 3일 차다. 시드니에서 3시간 정도 걸리는 항구도시 포트 스티븐스(Port Stephens)에 가보자. 돌고래의 유치원 같은 곳이라고 한다. 어린 돌고래들이 성장할 때까지 파도가 심하지 않은 만 지역에서 어미들이 보살피며 기른다는 것이다. 그중에는 여기에 터를 잡고 사는 돌고래도 있다고 한다. 그런 돌고래들을 찾아서 보여주는 크루즈 투어가 이곳의 돌핀 크루즈다. 바람도 시원하고 경치도 좋은 힐링 일정이다. 크루즈를 마치면 점심을 먹고 사구가 너무 넓어서 사막 같아 보이는 곳에서 모래 썰매도 즐길 수 있다. 생각보다 재밌다. 그리고 제법 힘들다. 숙소에 돌아오면 수영과 스파 그리고 한가함을 즐긴다. 잠시 호주인이 된 착각이 들 정도다. 이곳 포트 스티븐스는 시드니의 부호

● 모래 썰매

들이 휴양용 별장지로 선호하는 곳이다. 마을 자체가 조용하고 깨끗하고 평화롭다. 저절로 힐링이 되는 곳이다.

### 4일 차, 와이너리 투어와 블루마운틴

포트 스티븐스를 충분히 즐기고 다시 시드니에서 와이너리 투어를 하면서 맛있는 점심을 먹자. 그리고 첫 번째 일정에서 설명했듯이 블루마운틴으로 이동하자. 호주 일정은 골드코스트 & 시드니, 포트 스티븐스 & 시드니 이렇게 두 가지 일정으로 설명했다. 내 경험으로는 젊은 층은 골드코스트를 좋아했고, 가족 여행을 온 사람들은 포트 스티븐스 일정을 선호했다.

## +1일, 더 머물고 싶은 시드니

일정이 짧아서 아쉽거나 시드니에서 더 머물고 싶다면, 예약 시점에 항공편 조정을 요청하자, 최소한 출발 전에는 요청해야 한다. 현지에서 요청하는 경우는 참으로 난감하다. 어렵기도 하거니와 필요 없는 비용이 발생하기 때문에 속상하다. 만약 하루라도 더 시드니에 더 있을 계획이라면 대부분 자유 일정으로 있을 것이다. 가급적 시내에 있는 호텔을 이용하는 것이 좋다. 경비를 아끼려고 외곽의 숙소를 이용한다면 고생과 더불어 돈까지 더 쓰게 될 것이다. 시드니는 대중교통이 우리나라보다 불편하다. 그리고 택시 요금도 만만치가 않다. 시드니는 내가 말한 곳 외에도 식물관, 박물관, 재래시장, 해변 등 구경할 곳이 많으니 잔뜩 더 즐겨보자.

## +2일, 아름다운 정원과 미식의 도시 멜버른

만약 이틀을 추가로 더 있을 수 있다면 호주의 또 다른 추천 지역인 멜버른(Melbourne)을 가보자. 멜버른은 시드니에서 남서 방향으로 생각보다 먼 곳에 있다. 비행기로 이동하는 것이 편하며 2시간 정도 걸린다. 남쪽에 있기 때문에 겨울에는 시드니보다 쌀쌀하며, 시드니 다음으로 큰 도시다. 곳곳에 공원이 있어 '정원의 도시', 미식가들에게 인기가 높아 '미식의 도시' 그리고 스포츠 도시로 유명하다. 호주의 빅토리아주에 위치에 있으며, 빅토리아 여왕 시대의 건물이 런던을 제외한 전 세계 도시에서 가장 많이 남아 있다고 한다.

대표적인 관광지인 그레이트 오션 로드(Great Ocean Road)는 세상에서 가장 아름답다고 하는 바닷길이다. 243km 길이로 호주 남동부 해

● 그레이트 오션 로드

안가를 따라 이어져 있다. 멜버른은 유럽풍의 도시 분위기로 이곳저
곳을 둘러보는 것만으로도 기분이 좋아지는 곳이다. 여행객들이 많
이 찾는 곳인 단데농(Dandenong) 공원은 차로 1시간 정도 거리의 산지
에 있다. 증기 열차를 타고 넓은 공원을 둘러볼 수 있다. 그 외 유레카
스카이덱(Eureka Skydeck)88 전망대, 드라마 〈미안하다 사랑한다〉의 촬
영지 호시어 레인(Hosier Lane) 등의 명소도 가볼 만하며, 아프리카 스
타일의 사파리 투어가 있는 동물원인 '웨리비 오픈 레인지 주(Werribee
Open Range Zoo)'에서 자유롭게 사는 동물들을 보는 것도 좋다. 그냥 호
주인이 된 것처럼 또는 코알라처럼 오후의 한때를 쉬고 싶다면 '로열
보태닉 가든(Royal Botanic Gardens)'에서 시간을 보내는 것을 추천한다.

# 인간이 정착한
# 마지막 땅 뉴질랜드

> ### ⊘ 뉴질랜드 여행 추천 루트
>
> 1일 차, 오클랜드 → 2일 차, 퀸스타운 → 3일 차, 밀퍼드사운드 → 4일 차, 퀸스타운 →
> 5일 차, 로토루아 → 6일 차, 오클랜드 → 7일 차, 인천

### 1일 차, 여유 있는 저녁 출발

만약 패키지여행으로 뉴질랜드를 가게 되면 내가 추천하는 여행 루트와 비슷한 일정은 별로 없다. 가성비가 안 나오기 때문에 상품으로 구성하지 않는다. 뉴질랜드를 가게 된다면 자유 여행 또는 반자유 여행을 통해 뉴질랜드의 자연을 맘껏 즐기고 충분히 힐링할 수 있는 일정으로 가길 추천한다. 인천에서 직항으로 가는 하늘길은 오클랜드로 출발하는 밤 비행기다. 10시간을 푹 자고 일어나면 도착 2시간쯤 전에 아침 먹으라고 깨운다. 열린 창밖으로 뉴질랜드의 바다와 푸른 들이 보인다. 하얀 동물들이 보인다면 양이다. 사람보다 양이 많은 나라다. 남서태평양에 위치한 섬나라인 뉴질랜드는 북섬과 남섬 2개의 섬으로 이루어져 있고 두 섬 사이에는 쿡해협(Cook Strait)이 있다. 1년

222

내내 온화한 날씨를 유지하고 있어 여행하기 좋다. 절반 이상의 인구가 북섬에 산다. 남섬이 상대적으로 더 시골스러우며 감탄할 만한 아름다운 경관을 볼 수 있다.

## 2일 차, 여왕의 도시로 이동

기내식을 비몽사몽 먹고 나면 뉴질랜드에서 가장 많은 사람이 살고 있는 오클랜드(Auckland)에 도착하였음을 알려주는 안내 방송이 들려온다. 참고로 뉴질랜드의 수도는 웰링턴(Wellington)이다. 잠시 공항을 둘러보고 퀸스타운(Queenstown)으로 가는 국내선을 갈아타자. 이렇게 아침에 도착할 때는 바로 이동하는 편이 시간도 절약하고 여행을 즐기기에도 편리하다. 1시간 30분 정도 이동해서 남극과 가까운 도시 퀸스타운에 도착한다.

영국인들이 이곳을 보고 가히 여왕에게 어울리는 아름다운 곳이라고 해서 퀸스타운이라고 이름 붙여진 곳이다. 영화 〈반지의 제왕〉의 진짜 주인공은 뉴질랜드의 자연이라는 말이 있을 정도로 아름다운 경관을 보게 될 것이다. 숙소에는 오후 4시쯤 도착하게 된다. 오늘은 장거리 비행에 피곤한 몸을 멋진 자연과 맑은 공기로 풀어주는 날이다. 공식 일정이 없다. 내일 아침에는 뉴질랜드에서 가장 유명한 관광지 밀퍼드사운드(Milford Sound)까지 장거리 이동을 하기 위해 일찍 일어나야 한다. 그리고 이제 겨우 첫날이다. 일찍 자자.

## 3일 차, 북유럽 같은 뉴질랜드의 피오르드

3일 차인 오늘은 뉴질랜드 남섬의 남서부에 위치한 피오르드 랜드

국립공원(Fiordland National Park)을 유람선으로 즐겨보자. '피오르'는 빙하가 녹아 만들어진 길고 좁은 만을 뜻하는데, 피오르드 랜드 국립공원에 그 유명한 밀퍼드사운드가 있다. 밀퍼드사운드는 마오리어로 피오피오타히(Piopiotahi)라고도 불리는데, '한 마리의 피오피오 새'라는 뜻이라고 한다. 차로 편도 4시간을 이동해야 갈 수 있는 곳이다. 걱정할 것은 없다. 가는 도중에 멋진 경관을 보고, 중간중간에 뷰포인트에서 사진도 찍고 산책도 즐기는 시간을 가질 수 있다. 오히려 못 갈 수도 있으니 그것을 걱정해야 한다. 험한 고개를 넘어야 하는 길이라 날씨가 궂은 날에는 갈 수 없는 곳이다.

● 밀퍼드사운드

밀퍼드사운드에 도착하기 전에 이미 많은 탄성이 들릴 것이다. 도착하고 유람선이 이동하기 시작하고 잠시 후 다 함께 탄성을 지를 것이다. 그리고 사진 촬영하느라 뛰어다니는 사람들도 보게 된다. 황홀한 풍경에 넋을 잃고 자연과 하나 되어 힐링하느라 벌써 돌아갈 시간이 되었냐고 물어보는 사람도 있다. 왔던 길로 다시 돌아가야 한다.

재미있게 논 아이들이 깊이 잠들 듯이 모두 꿈나라로 갈 것이다. 저녁 늦은 시간에 숙소에 도착한다. 저녁을 먹고 나면 잠이 오지 않아서 여기저기 배회하게 된다. 버스에서 푹 자서 그렇다. 하늘을 한번 올려다보자. 날이 좋아서 별이 보인다면 북두칠성을 찾아보자.

"남극인데 북두칠성이 보여?" 이런 의문이 든다면 정상이다. 그렇다. 여기서는 북극성도 북두칠성도 보이지 않는다. 하지만 남십자성이 반짝이고 있을 것이다. 간혹 진짜로 열심히 북극성을 찾는 사람들이 있다. 그분들은 제대로 뉴질랜드의 힐링 여행을 즐기고 있는 것이다. 여행이 주는 최고의 힐링 상태인 '아무 생각 없습니다'에 도달한 것이다. 진심으로 좋은 여행을 만났음을 축하한다.

## 4일 차, 퀸스타운에서 온전히 힐링하는 날

뉴질랜드에서의 4일 차, 신비한 빛을 발하는 크고 아름다운 호수를 웅장한 산들이 둘러싸고 있는 장엄하고 멋진 풍경에 파묻혀보자. 자연의 일부가 되어 온전히 힐링하는 하루가 될 수 있도록 말이다. 퀸스타운은 작은 도시이지만 워낙에 익스트림으로 유명한 관광지이다 보니 카지노까지 있다. 작지만 알찬 도시라고 해야 하나? 패러글라이딩, 제트보트, 요트, 카약, 번지점프 등 다양한 즐길 거리가 넘쳐나는 곳이니 체력이 허락한다면 즐겨보는 것도 좋다. 이곳의 번지점프는 경관이 좋기로 유명하다. 그리고 세계적인 트레킹 지역으로 유명한 곳이다. 그저 걷는 것만으로도 힐링이 될 것이다.

## 5일 차, 반지 원정대를 따라 북섬으로 가자

여왕의 도시이자 트레킹의 성지에서 충분히 힐링하고 재충전했을 것이다. 이제는 뉴질랜드의 중심인 북섬으로 가보자. 비행기를 타고 이동해야 한다. 여행 중에 항공편으로 도시를 이동할 때는 이른 시간이나 늦은 시간이 좋다. 늦게 일어나서 여유 있게 움직이고 싶은 마음은 이해한다. 그러나 그렇게 하면 앞뒤로 자투리 시간이 남게 되어 도시 간 이동으로 하루를 다 사용하게 된다. 그래서 조금 서둘러서 출발한다. 새벽안개 헤치며 달려가는 버스에 몸을 싣고, 공항 가는 버스 뒤로 안개 속에 사라지는 호수와 산들이 내 마음속 캠퍼스에 그려질 것이다. 일찍 깨어나 부족한 잠은 기내에서 보충하자.

퀸스타운 공항에서 오클랜드 공항에 도착하면 다시 버스에 몸을 싣고 2시간을 이동한다. 좀 더 잘 수 있다. 잠깐 지난 듯한데 호비튼 (Hobbiton) 마을에 도착했다고 깨운다. 호빗? 반지의 제왕? 그렇다. 영화 〈반지의 제왕〉의 촬영지에 도착했다. 자연을 있는 그대로 보존 하는 것을 중요시하는 뉴질랜드에서 유일하게 철거하지 않은 세트장이라고 한다. 이 영화를 보지 않은 사람은 없으리라. 안 봤다면 보고 가자. 가이드 설명이 끝나기도 전에 사진 촬영 포인트로 달려갈 것이다. 자유롭게 촬영하고 웃고 즐기다 보면 어느새 가이드와 약속한 출발 시간이다.

● 로토루아

　1시간 정도 이동해서 로토루아의 자랑인 노천 온천탕에서 호수를 바라보며 온천을 즐긴다. 피로는 어디로 갔는지 모르겠다. 이제 상쾌한 몸으로 로토루아(Rotorua)에 예약해둔 호텔로 가자. 저녁은 안 먹냐고? 오늘은 뉴질랜드에 오면 꼭 먹어본다는 마오리족의 전통요리 '항이'를 먹을 것이다. 호텔식 디너쇼 되겠다. 우리 눈엔 쇼가 시시해 보일 수 있다. 대한민국이 엔터테인먼트 강국이라 그렇다. 우리 눈이 높은 까닭이다. 다른 나라의 관광객들은 감탄하며 즐긴다. 방탄소년단(BTS)과 한류의 국민답게 너그러운 마음으로 이쁘게 봐주자.

## 6일 차, 활화산과 삼림욕 그리고 오클랜드

힐링 뉴질랜드의 실질적인 마지막 날이다. 로토루아 화산지대의 이색 풍경을 둘러본다. 그리고 영화 〈잃어버린 세계〉의 촬영지인 레드우드 국립공원(Redwood National Park)의 삼림지대에서 삼림욕을 즐기며 산책으로 힐링한다. 점심 식사는 멋진 전경을 둘러볼 수 있는 전망대 식당에서 하자. 이상하게 점심을 먹고 나면 눈꺼풀이 무거워진다. 배가 커지면서 피부 가죽을 아래로 당겨서 그렇다는 믿지 못할 이야기도 있다.

다행히 오클랜드까지 약 3시간을 이동해야 한다. 이동 중에 가이드가 들려주는 이야기가 편안한 꿈나라로 안내해줄 것이다. 오클랜드에 도착하면 간단히 시내를 관광한 후 기다리던 자유 시간을 갖게 된다. 참고로 저녁을 먹고 숙소에 짐을 풀고 나서 다시 자유 시간이 있겠지만, 쇼핑은 저녁 먹기 전에 하는 것이 좋다.

## 7일 차, 집으로 가는 12시간을 스마트하게 가보자

약간의 추가 요금으로 장거리 여행을 짧게 만들 수 있는 똑똑한 방법이 있다. 복지국가 뉴질랜드의 항공사다운 스마트한 이코노미석 '스카이카우치(Skycouch)'를 이용하는 것을 고려해보자. 처음 들어보는 말인데, 스카이카우치가 뭐냐고? 한마디로 말하면 비즈니스보다 편안한 이코노미석이다. 이코노미석 한 줄이 이륙 후 긴 의자로 바뀐다. 그래서 친구 또는 가족과 함께 몸을 뻗고 누울 수 있다. 편하고 유용하고 경제적이다. 좌석으로, 긴 의자로 또는 놀이 공간으로도 활용할 수 있다. 이불과 베개도 제공된다. 비즈니스석보다 저렴한 가격으로 편안한 비행을 즐길 수 있다. 가족 여행객에게는 최고의 서비스라고 할 만하다. '혹시 낯선 사람과 좌석을 공유하게 되면 어쩌지?' 하고 걱정할 수 있다. 대답은 'NO'다. 스카이카우치를 예약하면 한 줄 전체를 사용하게 된다. 완벽한 개인 공간이 되는 것이다. 한번 이용하고 나면 이런 생각이 들 것이다. "다른 항공사에도 있었으면 좋겠다."

## 호주와 뉴질랜드를 여행하는 또 다른 방법 '캠핑카'

다들 알고 있듯이 호주와 뉴질랜드는 청정 국가이며 자연을 잘 보존하는 나라다. 사람들 또한 자연과 함께 휴가를 즐기는 것을 좋아한다. 그래서 야영 문화가 발달했으며, 관련 시설이 잘 되어 있다. 웬만한 도시마다 화장실과 바비큐 시설이 갖추어진 공원이 있다. 그리고 곳곳에 야영이나 캠핑을 할 수 있는 시설이 구비된 곳이 많아서 캠핑카로 여행하기에 좋은 나라다. 특히 법이 잘 지켜지고 북반구에 비해 질병으로부터도 안전하다. 가격 또한 착하다. 10만 원 정도로 하루 이용이 가능하다. 한 가지 단점은 도로 이용 방식이 영국식이라서 차량이 좌측통행을 한다는 점이다. 이 점은 시외 지역에서는 도로가 단순하고 차가 많지 않아 크게 문제가 되진 않지만 시내 주행은 조심해야한다. 가급적 복잡한 시내에서는 대중교통을 이용하는 것이 좋겠다. 캠핑카를 이용하는 여행은 숙소에 대한 고민이 사라지고 비용을 아낄수 있다는 장점이 있다. 요즘 우리나라에서도 캠핑 여행이 붐이지만, 시설 부족과 비싼 비용으로 아직은 불편함이 있다고 들었다. 혹시 캠핑 여행을 생각한다면 이곳처럼 좋은 곳이 없으리라.

4장

패키지여행,
지혜로운 선택으로
즐기는 법

## 여행 상품에게
## 불만을 말한다

### 말해야만 하는 불편한 진실

며칠 동안 글을 쓰지 못하고 있다. 이미 알고 있던 일들이라 쉽게 생각했는데, 업계의 불편한 이야기를 쓰려니 마음이 무겁다. 나도 역시 여행사 사람인가 보다. 그렇게 고민하던 중에 이런 생각이 들었다. "잘못된 일이라고 생각하고 여행객들에게 말하려고 하는 그 일로부터 너는 자유로우냐?" 질문에 대한 내 답은 이렇다. 절대로 자유로울 수 없고 나도 어느 정도는 공범이다. 그렇기에 이 글을 꼭 써야겠다는 생각이 다져졌다. 부족하고 잘못된 부분을 인정하고 솔직히 고백해 드러내 놓아야 한다. 그래서 스스로 부끄러움을 깨닫고 문제를 해결하기 위해 더 적극적으로 노력하게 되기를 바라는 마음이다. 그리고 덧붙이면 모든 여행 상품이 다 나쁜 것은 아니다. 좋은 여행 상품도 있고, 훌륭한 여행사도 있다. 지혜롭게 활용하길 바란다.

코로나19 전부터 여행사를 이용하는 여행자는 줄어들고 있었다. 그러나 전체 여행객은 늘고 있었다. 즉 여행사를 외면하는 여행객이 늘어나고 있다는 것이다. 왜 이런 걸까? 결론부터 말하면 고객이 원하는 것을 여행 상품이 충족시키지 못했기 때문이다. 어찌 보면 당연한 결과다. 여행사를 이용하는 고객들도 좋아서 구매했다기보다는 다른 대안이 없기에 선택한 경우도 많았다.

여행객들은 왜 여행 상품을 외면하게 된 걸까? 그 해답을 찾기를 바라는 마음으로 이 글을 쓴다. 33년 동안 여행업에 종사하면서 알게 된, 여행사에서 만든 패키지 상품을 이용하는 고객들이 느끼는 불편함을 적어본다. 그리고 여행사는 어떠한 마인드로 달라져야 하는지도 소개해본다. 나는 여행사의 존재 가치는 고객의 만족에 기인하는 것이라고 믿는다.

## 고객 불만의 발생 원인 '불가능한 가격 비교'

여행 상품에 불만을 느끼는 첫 번째 이유는 가격이다. 상품 가격이 혼란스럽다. 도대체 여행지별로 적정한 가격이 얼마인지 알 수가 없다. 이는 여행사의 불성실한 판매 방식에도 문제가 있지만, 근본적으로 일반 제품들과는 다른 특성이 있기 때문이다. 여행 상품은 객관적인 비교가 어렵고, 재고가 없고, 소유할 수 없다. 그리고 고작 몇 페이지에 적힌 일정표에 명시된 조건을 보고 가보지 않은 곳에서 일어날 미래의 일을 가늠해 안다는 것이 애당초 불가능한 일이기 때문이기도 하다. 사실 사진과 글만 보고 한 결정이 성공적인 결과를 얻는다는 것은 기적에 가까운 것이다.

차를 살 때도 직접 가서 꼼꼼히 살펴보고 따져보고 구매한다. 그리고 구매 후라도 혹시 마음이 바뀌면 AS나 조정이 가능하다. 그러나 여행은 AS는 고사하고 구매해도 보유하고 있을 수 없다. 단지 누릴 뿐이다. 즉 구매해 누리기 시작함과 동시에 소실된다. 마치 안개를 잡을 수 없음과 같다. 그래서 차를 구매할 때처럼 꼼꼼히 비교하기가 어렵다. 그리고 다른 사람의 차를 타보고 '오 이 차 괜찮네?' 하는 경험을 하는 것도 불가능하다. 고작 할 수 있는 것은 그 사람의 불완전한 기억에 의지한 경험담을 듣고 유추하는 것이다.

그러나 이런 방법은 오류를 일으키는 원인이 되기도 한다. 그와 나는 선호하는 것도 다르고 입장과 일행 구성도 다를 뿐 아니라 여행하는 시기도 다르기 때문이다. 여행의 이런 특성들 때문에 고객들은 올바른 선택을 하기 어렵다. 그리고 같은 이유로 여행사에서도 고객들의 올바른 선택을 기대하기가 어렵다.

## 여행사의 태도, 어때야 하는가?

이러다 보니 좋은 제품이 반드시 잘 팔리는 제품이 되지는 않는다. 이런저런 이유로 결국 자극적인 방법으로 일단 고객의 관심을 유도하고 충동적인 구매를 끌어내는 저속한 상술이 무성한 시장이 되었다. 그리고 이제는 고객들이 더 이상 그런 싸구려 상술에 놀아나기를 거부하고 있다. 더군다나 정보화 시대다. 검색 몇 번이면 여행사에서 주는 것보다 좋은 정보를 무료로 얻을 수 있다. 이런 상황에서 여행사를 이용하고 여행 상품을 구매해주는 여행객들이야말로 정말 고마운 사람들인 것이다. 이같이 과거 해외여행 정보를 접하기 어려웠던 시절과는 전혀 다른 상황이라는 것을 업계는 인정해야 한다. 그리고 단순한 정보가 아닌 고객의 여행을 더 아름다운 추억으로 풍성하게 해줄 그 무언가를 줄 수 있어야 한다.

그리고 이제는 손해를 보더라도 일단 저렴한 가격으로 팔고 현지에 가서 쇼핑과 옵션 등으로 수익을 창출하려는 눈 가리고 아웅 하는 식의 싸구려 상술은 버려야 한다. 고객들은 다 알고 있다. 차라리 쇼핑이나 선택 관광을 할 거라면 다 오픈하라. 그리고 정직한 정보를 기반으로 올바른 선택을 할 수 있도록 바르게 안내해야 한다. 예를 들어 어느 여행 상품의 가격이 저렴한 이유가 현지에서 쇼핑센터를 방문하는 조건이나 선택 관광을 판매하는 조건 때문이라면 그 점을 분명하게 알 수 있도록 안내해주어야 한다. 조건표 한구석에 간단하게 적어놓을 사항이 아니다. 자세히 설명해주면 그래서 고객이 분명히 알고 선택한다면 적어도 기분을 망치진 않는다.

내 경험으로 보면 설명을 들은 사람 중 약 70%는 쇼핑센터 방문을 해야 하는 저렴한 상품을 선택했다. 고객을 불쾌하게 만드는 가장 큰 이유는 속았다는 기분을 들게 하는 것이다. 최소한 정직하자. 지금보다 더 적극적으로 정직하자.

## 패키지에는 낯선 일행도 따라온다

패키지여행이 주는 두 번째 대표적인 불편 사항은 낯선 이와의 동행이다. 행복한 여행은 좋은 호텔만으로는 부족하다. 행복한 여행을 위해 편안한 이동과 좋은 호텔 그리고 맛있는 식사는 중요하다. 그러나 이것은 고객이 자신이 낸 돈으로 당연히 누려야 하는 권리다. 아쉽게도 여행사는 이 당연한 것을 자랑인 양 홍보하고 있다. 그러고는 고객의 행복한 여행을 위해 기본적이고 중요한 것을 간과하고 있다. 바로 누구랑 가느냐는 것이다.

여행객은 함께 갈 일행들과 날짜와 행선지를 조율하기 위해 상당한 노력을 기울인다. 그러나 정작 공항에 가보면 처음 보는 사람들, 심지어 나이도 사는 곳도 전혀 다른 사람들과 여행을 함께 해야 한다는 걸 깨닫게 된다. 설령 미리 알았다고 해도 멤버 구성에 관한 어떠한 영향력도 행사할 수 없는 것이 여행 상품의 현실이다.

사람들은 서로 신뢰할 수 있는 이들 속에서 편안함을 느낄 수 있게 된다. 그리고 낯선 사람들을 갑자기 신뢰하기는 어렵다. 신뢰는 익숙함이라는 조건을 수반하기 때문이다. 그러니 공항에서 처음 만난 사람들과 함께한다는 것은 이미 불편한 여행이 시작되었다는 것을 의미한다. 이렇게 뜻밖의 불편한 상황에 처한 사람들은 어떤 생각이 들겠는가? 갑자기 행복한 여행을 위해 피나는 노력을 해야 한다. 빨리 친해지거나 어느 정도 거리를 두고 담을 쌓는 등 할 수 있는 방법을 총동원할 것이다. 그러나 이것은 보통 힘들고 불편한 일이 아니다.

애당초 스스로가 원하지도 않은 것을 위해 왜 마음을 쓰고 불편을 감수해야 하는가? 생각하면 화가 나는 일이다. 어쨌든 친해지든지 담을 쌓든지 마음의 평정을 찾을 수 있으면 다행이다. 때때로 불가능한 상황에 처하는 경우가 많다. 일행 중에 지나치게 자기중심적인 사람이 있을 수도 있고, 몇몇 비상식적인 사람 때문에 여행을 망치는 경우가 꽤 있다. 또는 구조적인 문제로 불편한 여행이 되는 경우도 있다. 함께 어울리기 어려운 사람들이 한 팀이 되는 경우가 대표적인데 이것은 하루빨리 바로잡아야 하는 시급한 문제다. 아이들이 있는 가족 여행팀과 친구들 모임이 함께 여행하는 경우, 젊은 직장 동료들 모임과 어르신들이 함께 여행하는 경우 등이 특히 그렇다.

## 어울리기 힘든 일행과의 패키지는 패스하라

가족팀과 친구 모임 조합의 경우에는 가족들은 아이들이 시끄럽게 떠들며 가이드 안내에 지장을 주는 행동을 하게 되니 미안하고 친구나 직장 동료 모임은 말과 행동을 조심해야 하니 불편하다. 그리고 어르신들은 다른 일행들에게 뒤처져서 민폐를 끼칠까 봐 걱정이고, 항상 일찍 나와서 기다리는데 늦게 오는 사람들 때문에 기다리는 것이 불만이다. 젊은 사람들은 어르신들의 짐을 도와드려야 하나 고민되고 집에서보다 행동이 불편함에 괴롭다. 그야말로 모두가 힘들다. 더군다나 서로 간에 불편함을 주는 것이 누구의 잘못된 행동으로 인한 것이 아니기에 어떻게 할 수 없이 그냥 운명처럼 받아들이며 불편한 여행을 감수하게 된다. 이것은 상품을 만들고 모객을 하는 여행사에서 주도적으로 개선해야 한다.

현 상황에서 여행객들이 취할 수 있는 해결 방법은 어울리기 힘든 일행과 함께 가는 여행을 피하는 것이다. 혹시 여행사에서 구성원들을 구별해 모객하는 상품이 있다면 조금 더 비싸더라도 가급적 그 상품을 이용하는 것이 좋다. 그러나 아직은 효도 관광 외에는 구성원별로 모객하는 패키지 상품을 찾기 어렵다. 대안으로는 관심 있는 상품의 예약 상황을 확인해 구성원의 연령분포 등을 참고하는 것이다. 예약한 상품을 안내하는 여행사에 요청하면 받아볼 수 있다.

## 여행사는 일행 구성에도 주의를 기울이자

아무튼 이 문제는 운영의 책임을 위임받고 상품을 만들고 판매한 여행사의 책임이다. 고객의 행복한 여행을 위해 가장 기본적인 일행의 구성에 대해 배려를 해야 한다. 출발 가능한 인원을 맞추고 수익을 내는 것에 집중하다 보니 중요한 것을 소홀히 한 것이다. 고객이 여행사에 경비를 지불하고 여행 상품을 구매할 때는 전문가의 식견과 실력을 믿고 알아서 잘 해줄 것으로 생각했기 때문이다. 그러니 여행사는 최선을 다해야 한다. 수익 창출 이전에 고객의 만족과 행복을 위한 배려를 최우선으로 해야 한다. 이는 당연히 해야 할 일로 최소한 이 정도는 해야 한다는 말이다.

다시 한번 더 말하지만 최소한 이렇게는 해야 한다. 적어도 연령대나 일행 구성이 같은 사람들끼리 함께 갈 수 있도록 해야 한다. 특히 가족 여행객들만 함께 가는 여행, 그중에서도 저학년 어린이들을 동반한 가족 여행과 그렇지 않은 여행객들을 구분해야 한다. 판매 단계에서부터 구분해서 모객해야 한다. 그리고 친구들 모임, 직장 동료, 나이별로 구분해서 원하는 그룹을 선택할 기회가 제공되는 상품을 만드는 것이 당연하다. 이 당연한 것을 고객은 모르고 있었고 여행사는 외면하고 있었다. 당연한 결과로 이러한 태도는 고객이 여행사를 외면하는 이유가 되었다.

## 현지에서의 일정 운영이 남의 손에 달렸다

수익 창출을 최우선으로 하는 것은 현지에서도 종종 일어나는 일이다. 일정 운영을 쇼핑과 옵션 판매에 유리하도록 맞추어 진행하는 경우가 많다. 전에 태국에 갔을 때다. 여행 중 산호섬에 가는 일정이 있었다. 고객들은 모두 늦게까지 잘 수 있기를 원했다. 그런데 가이드는 8시 배를 타야 한다면서 6시 반에는 일어나야 한다고 했다. 아니 휴양을 즐기러 섬에 가는데 새벽에 일찍 일어나서 피곤한 몸을 이끌고 쉬러 간다는 게 말이 되냐고, 당신 같으면 그러고 싶겠냐며 한참을 실랑이하는 상황이 발생했다. 장시간 논쟁 끝에 결국 7시 반에 일어나서 9시 배를 타는 것으로 합의했다.

나중에 가이드의 변명을 들어보니 "아침 일찍 가는 배를 타야 선택관광을 많이 할 수 있기 때문이었다"라고 했다. 그야말로 당황스럽다. 나도 같은 업계 종사자로서 가이드의 형편을 모르지는 않지만 이건 아니라는 생각이 들었다. 대부분의 동남아 가이드는 고객 한 사람당 상당한 금액의 매출을 올려야 하는 부담을 떠안고 있다. 그러니 관심이 수익 창출에 집중되는 것이다. 도대체 고객은 왜 이곳에 왔는지, 무엇을 원하는지에 관심을 둘 수 있는 마음의 여유가 없는 것이다. 본질이 왜곡될 수밖에 없는 현실에 참으로 난감하고 안타까운 마음이다.

## 원하는 경험을 할 수 있는 시간을 주자

글을 쓰면서 헛웃음이 나온다. 조금이라도 고객 입장에서 생각해보면 당연한 것을 사정해서 얻어야 하는 웃지 못할 일이다. 내 돈 내고 내 시간 쪼개서 가는 내 여행인데 내 맘대로 할 수 있는 것이 아무것도 없다? 이건 '무슨 여행이 이따위야'라는 불만이 나올 법도 한데 아무도 말하지 않는다. 아마도 비교할 만한 좋은 여행이 없기 때문인 것 같다. 다들 그러니 나도 그냥 당연한 일로 받아들이는 것이다. 그러나

240

이제는 이런 말도 안 되는 상황을 고객들이 더 이상 참지 않을 것이다. 여행사의 역할은 나에게 맞는 여행을 선택할 수 있도록 도움을 주는 코디네이터와 같다. 그리고 현장에서는 일정을 진행할 때 안전과 편리를 제공해 여행을 좀 더 효율적으로 할 수 있게 도와주는 도우미 역할이다. 관리자나 결정권자가 아니라는 것을 명심해야 할 것이다.

## 하루 4시간씩 자유 시간이 가능한 패키지

만약 패키지여행을 선호해서 갔더라도 하루 4시간의 자유 시간은 요구할 수 있다. 그리고 패키지를 구매할 때도 이런 자유 시간이 가능한지를 확인해보고 선택할 수 있다. 일정 중에 자유 시간이 제공되는 방식을 추천하며, 하루에 4시간 이상 각자 자신의 취향껏 마음대로 할 수 있는 시간과 여건이 제공되는 게 맞다고 생각한다. 최소한 이 정도의 자유는 누려야 여행을 여행답게 할 수 있다. 참고로 일정 중에 자유 시간이 생긴다고 반드시 비용 절감으로 이어지는 것은 아니다. 왜냐면 자유를 충분히 누릴 수 있는 조건을 갖추는 데 비용을 써야 하기 때문이다.

예를 들어 숙소에 추가 비용이 발생할 수 있다. 대부분 자유 시간을 누리고 싶은 곳은 관광지이거나 중심 지역이다. 그러다 보니 자유 시간을 온전히 누리기 위해서는 숙소가 이곳들로부터 가까운 곳에 위치해야 한다. 만약에 서울에서 자유 시간이 있는 일정인데 숙소가 일산이라면 오가는 데 시간을 빼앗기게 되므로 자유 시간을 온전히 누리기 어렵다. 되려 고생스러운 일이 된다. 그런데 대부분 중심 지역과 관광지에 위치한 호텔이 외곽 지역의 호텔보다 비싸다. 이렇게 호텔에서 추가 비용이 발생할 수 있는 등의 이유로 온전한 자유 시간을 누리기 위해서 비용이 발생하는 경우가 있다.

참고로 자유 일정이 없는 여행 상품에도 숙소의 위치는 매우 중요하니 꼭 확인하자. 패키지여행에서 저녁 식사 이후의 시간은 대부분 일정이 없다. 따라서 잠자기 전까지 약 3시간 정도의 자유 시간이 주어지는데, 이때 숙소 근처에 아무것도 없다면 갈 곳도 할 것도 없는 우울한 시간을 보내야 한다. 간혹 밤에 선택 관광 옵션을 팔기 위해서 갈 곳도 할 것도 없는 외곽의 호텔을 선호하는 여행사도 있으니 주의하자.


### 결국 팔리는 상품을 만들어야 한다

결론적으로 여행사는 먼저 고객의 니즈에 관심을 두고 고객의 행복을 위한 여행 상품을 만드는 데 주력해야 한다. 만약 계속해서 판매와 수익 창출만이 주목적인 상품만을 만든다면 고객은 여행사를 외면할 것이다. 여행사는 먼저 고객이 원하는 것과 행복한 여행을 위해 고민하고 그에 합당한 상품을 만들어야 한다.

# 패키지 상품 선택 요령, 공짜는 없다

### 여행 상품의 특성을 이해하면 보인다

그러면 패키지여행을 해야 하는 여행객들은 어떻게 하면 좋은 선택을 할 수 있을까? 여행객의 지혜로운 선택과 좋은 상품 선별을 위해 여행 상품의 특성을 살펴보자. 여행 상품은 다른 상품들에 비해 몇 가지 특별한 점이 있다. 이 점을 이해해야 한다. 그래야 여행 상품을 지혜롭게 분별할 수 있다.

### 여행은 존재하지 않는 상품이다

가장 기본적인 특징이며 동시에 많은 착오를 일으키는 원인이다. 사실 조금만 생각해보면 알 수 있는 일이다. 고객들은 여행 상품을 구매하기 위해 많은 정보를 찾아볼 수 있지만 정작 내 여행의 실체를 볼 순 없다. 여행사에서 상품으로 올려놓은 일정과 조건 그리고 사진들도 마찬가지다. 단지 미래에 일어날 내 여행을 상상하는 데 도움을 줄 뿐이다.

이것은 구매 후에도 달라지지 않는다. 보거나 만지거나 냄새 맡기는 고사하고 내가 여행하는 모습을 사진으로도 볼 수 없다. 여행 상품은 내가 참여함으로써 비로소 만들어지기 시작하기 때문이다. 결국 여행 상품은 내가 만드는 것이다. 여행사는 단지 좋은 여행을 만들 수 있는 조건을 구비해서 준비해줄 뿐이다. 그리고 비행기와 호텔을 예약하고, 가이드와 버스를 준비해놓고 "이거 어때요?" 하고 제안하는 것을 상품이라고 생각한다. 그러나 이것은 여행이 이루어지기 위한 조건에 불가하다. 여행은 내가 집을 떠나서 출발할 때 비로소 만들어지는 것이다. 결국 내가 여행의 주체이며 여행 상품은 구비된 조건을 내가 사용함으로써 만들어지는 것이다. 그리고 만듦과 동시에 소멸되기 시작한다.

### 판매자는 재고가 없고 구매자는 소유할 수 없다

이것은 여행 상품의 중요 요소인 항공과 호텔을 생각해보면 쉽게 알 수 있다. 예를 들어 설명해보자. 모든 회사가 그렇듯이 항공사도 영업 회의를 한다. 어느 날 K항공 영업 회의에서 다음 달 1일에 출발하는 항공 좌석 판매 부진이 이슈가 되었다. 이런저런 대책과 방안이 논의되던 중에 어떤 사람이 제안을 한다. 판매하지 못한 잔여 좌석을 별도로 보관해 갖고 있다가 다음에 판매가 잘될 때 판매하자고 한다면 반응이 어떨까? 아마 그 사람은 바보 취급을 당할 것이다. 항공 좌석은 판매하지 못하고 남는 좌석을 다음에 팔 수 없다. 반대로 부족한 자리를 보충하기도 어렵다. 또한 여행 상품에서 항공 다음으로 큰 비중을 차지하는 호텔도 이와 같다. 그리고 구매자 입장에서 볼 때는 돈을 지불했다 해도 잠시 이용할 수 있을 뿐 소유할 수 없다. 먹는 것 빼고는 대부분이 그렇다. 여행을 마치고 나면 내 손에 남아 있는 건 항공권과 관광지 입장권 그리고 호텔에서 갖고 온 어메니티(amenity, 호텔 편의용품) 정도다.

## 상품과 상품을 비교하기가 어렵다

이 특징은 첫째와 두 번째 특성으로 인한 결과다. 여행 상품은 만들어짐과 동시에 소멸되는 상품이다. 소유할 수도 없는 것을 비교한다는 것 자체가 어려운 말이다. 단지 듣고 보고 유추해 생각하고 판단할 뿐이다. 즉 정확한 비교 평가가 사실상 불가능하다.

예를 들어 옆집의 철수 엄마가 파리 여행을 너무나 잘 갔다 왔다고 자랑을 한다. 그 말에 혹해서 나도 그와 같은 상품으로 다녀왔다. 그러나 내 여행의 결과는 그와 같기 어렵다. 우선 철수 엄마의 여행을 정확하게 알지 못한다. 직접 보고 판단한 것이 아니기 때문이다. 단지 철수 엄마의 성향과 기호에 따라 판단되고 기억된 이야기를 들었을 뿐이다. 그리고 가이드, 차량, 함께하는 일행뿐 아니라 여행 시기도 다르다. 결론적으로 내 여행은 내가 가봐야만 알 수 있게 된다. 그나마 비교할 수 있는 것은 호텔, 항공 등 여행 조건 정도를 비교하는 것에 머무르게 된다.

그렇다면 이런 특성을 고려해서 나에게 맞는 상품을 선택할 수 있는 효과적인 방법은 무엇일까? 우선은 여행 상품을 선택할 때 가격에 최우선의 가치를 두지 않는 것이 중요하다. 그렇지 않으면 가격으로 유혹하는 마케팅에 낚이기 쉽다. 저렴한 상품을 찾는 고객에게는 싼 가격으로 유혹하고 고가의 상품을 찾는 고객에게는 비싼 가격으로 어필하는 상품을 만들기 때문이다. 그러니 나에게 맞는 상품을 적정한 가격에 구매하겠다는 태도가 우선되어야 한다. 너무 싼 것은 위험하다. 그리고 비싼 것도 의심해보아야 한다.

하지만 바쁜 일상에 쫓기듯 살면서 여행 준비를 위해 시간을 투자하고 알아본다는 것은 쉬운 일이 아니다. 좋은 것을 알아볼 수 있는 안목이란 것도 하루아침에 뚝딱 만들어지는 것이 아니기 때문이다. 제일 좋은 것은 믿고 맡길 수 있는 여행사와 전문가의 서비스를 받는 것이다. 주치의처럼 나와 가족의 여행을 챙겨주는 전문가를 이용하는 것이 가장 현명하고 경제적이 방법이다. 애석하게도 나를 위한 전문가가 곁에 없다면 아직은 스스로 판단해야 하니 일단 간단한 몇 가지 요령을 알아보자. 먼저 대부분의 패키지 상품에서 나타나는 보편적인 특징에 대처할 필요가 있다.

### 패키지 상품을 고를 때 고려해야 하는 여섯 가지

패키지 상품을 고를 때는 위에 소개한 여행 상품의 세 가지 특성을 기준으로 다음과 같은 여섯 가지 사항을 염두에 두고 결정하기를 권한다.

- 같은 조건이라면 저렴할수록 안 되는 것이 많아진다.
- 같은 기간이라면 많이 볼수록 질이 떨어진다.
- 시기가 좋을수록 가격은 비싸진다.
- 비싸다고 다 좋은 것은 아니다.

- 싸고 좋은 것도 있다. 상품 가격의 명확한 이유를 찾아라.
- 직거래한다고 반드시 싸게 사는 것은 아니다.

만약 직거래로 여행 상품을 구매해 로마에 간다고 생각해보자. 평생 로마에 한 번 올 손님에게 매년 1만 명 이상의 고객을 보내주는 여행사보다 싸게 줄 수는 없다. 여행업의 유통 파워는 카드와 같이 공동구매 효과가 있다. 참고로 좋은 상담가를 구별하는 방법은 경청이다. 고객에게 맞는 좋은 상품을 추천해주기 위해서는 우선 고객을 알아야 하기에 경청은 좋은 상담의 필수 조건이다. 결국 경청하는 사람이 좋은 상담을 해줄 가능성이 크다.

## 여행 준비, 이렇게 하자

위에서 설명한 여행 상품의 특성과 패키지 상품의 특징을 고려해 아래와 같은 태도로 여행을 준비해보자.

### 시기를 관리할 수 있다면 비용도 관리할 수 있다

여행은 같은 상품이라도 언제 가느냐에 따라 그리고 언제 예약하는가에 따라 비용이 달라진다. 사람들이 선호하는 연휴나 휴가철은 피하는 것이 좋다. 가격도 비싸지지만 출발부터 현지에서까지 여유롭게 즐길 수 없음은 물론이고 대접도 못 받는다. 결국 돈 더 낸 만큼 고생만 더 하는 여행이 될 수 있다.

간혹 여행을 인생 계획에 포함하지 않는 사람들도 있다. 그러나 계획적으로 여행하면 많은 것을 더 적은 비용으로 누릴 수 있다. 특히 가족 여행 계획은 아이의 나이에 맞춰 미리 계획하고 준비하자. 좋은 여행을 저렴하게 그리고 의미 있게 다녀올 수 있다. 가족들과 상의해서 최소한 세 번의 여행을 계획하고 돈을 모아라. 우선은 아이가 학교 들어가기 전에 한 번, 이때는 주로 휴양지를 가게 된다. 조금 지나서 저학년일 때는 가까운 곳으로 관광형 여행에 도전해볼 만하다. 그리고 고등학생이 되기 전에는 유럽이나 오래 기억이 될 만한 의미 있는 곳을 가능한 길게 다녀오라. 이렇게 가려면 아마 3~4년에 한 번 가게 될 것이다.

많은 이들이 여행을 준비할 때 날짜 정하는 것을 어려워한다. 그러나 이것은 사실 어느 때든지 갈 수 있을 것이라는 착각 때문에 하는 필요 없는 고민이다. 대부분의 사람들이 갈 수 있는 날은 1년 중에 며칠 안 된다. 그중 토요일 출발이 선호된다. 그리고 직장에서 눈치 보지 않고 휴가 낼 수 있는 날을 선택하면 된다. 시기를 정했다면 바로 그 다음 날 적금을 들어라. 그래야 가게 된다.

### 여행 상품은 자유 시간이 있는 일정을 선택하자

반자유 여행처럼 일정표상에 자유 시간이라고 명시된 상품을 선택할 수 있으면 좋다. 그렇지 않은 상품은 최소한 저녁 식사 이후의 시간이 자유 시간이 된다. 앞서 말했듯이 여기서 확인할 것은 숙소의 위치다. 숙소가 도심이나 관광지로부터 차로 30분 이상 떨어진 곳에 있다면 자유 시간은 없는 거다. 이런 상품은 고객을 완전히 통제 가능한 일정으로 운영할 수 있게 설계된 상품이다. 즉 여행사는 편하고 여행객은 선택권을 잃게 된다. 주는 대로 먹고, 안내해주는 것만 보게 되는 여행을 할 것이다. 그리고 친구들과 함께 가는 여행을 준비할 때는 친구들의 일정을 고려하되, 결정된 출발 날짜 등 중요 사항의 변경이 불가함을 확실히 하라.

끝으로 같은 지역의 다른 여행사 상품을 세 개 이상 비교하라. 항공, 호텔 등의 조건과 차별점이라고 홍보하는 것을 비교해보면 뭔가 보인다. 그러나 사실 이와 같은 준비를 하기가 쉽지 않다. 그리고 바빠서 시간을 내서 꼼꼼히 알아보기도 어렵다. 현실적으로 좋은 상품을 적정 가격으로 구매할 수 있는 가장 좋은 방법은 따로 있다. 나의 '전담 여행사'에 맡기는 것이다. 이 방법을 잘만 이용하면 좋은 점이 꽤 많다. 좋은 상품을 골라서 추천받는 혜택은 당연하고, 문제 발생 시에 내 편이 되어 중재해주는 든든한 우군도 확보하는 셈이 된다.

물론 정직하고 성실한 여행사를 만난다는 전제 조건이 충족되어야 한다. 끝으로 만일 추구하는 것이 안전과 가성비뿐이라면 가격과 조건을 꼼꼼히 살피는 것만으로도 좋다. 그러나 돈보다 여행을 중히 여긴다면 저렴한 가격으로 낚으려는 상품에 현혹되지 않기를 바란다. 내가 추구하는 가치가 안전과 가성비인지, 편리와 자유인지를 먼저 생각해보자.

# 나에게 딱 맞는 상품을 골라보자!

### 판매 유도 멘트 구별하는 법

좋은 상품을 고르는 것이 여행처럼 어려운 경우도 드물다. 어떤 것이 좋은 것인지 구별할 기준도 애매하고 상품 가격도 너무나 제각각이다. 그리고 믿고 물어볼 곳이 없다. 먼저 다녀온 지인에게 자문을 구하려면 여행 자랑을 한 시간 이상 들어줄 각오를 해야 한다. 결국 여행사에 문의하면 '답정너'이거나 '기승전 상품 홍보'다. 오죽했으면 내가 객관적인 상품 상담이나 안내만 전문으로 하는 서비스를 해보려고 주위에 모니터링했을 때 상담 요금으로 몇만 원은 기꺼이 내겠다는 사람들이 많았을 정도다. 이러한 새로운 여행 서비스가 생길 때까지는 현 상황에서 최선을 찾아야 한다.

우선 같은 지역과 출발하는 날이 동일한 여행 상품을 저가, 중가, 고가의 상품으로 세 개 이상 선택해서 비교하라. 가급적 다른 여행사 것이면 더 좋다. 공통점과 차별점을 찾아라. 그 차별점이 비싼 이유다. 그 이유가 내 취향에 맞으면 비싸더라도 제값 내고 가는 거고 나에게 맞지 않는 거라면 헛돈 쓰는 거다. 그렇지만 소비자 대부분이 싸고 좋은 것을 찾는다. 하지만 저렴한 상품도 왜 저렴한지를 확인해야 한다. 나도 모르는 더 큰 대가를 지불했을 수도 있기 때문이다. 세상에 공짜는 없다. 그리고 공짜는 그보다 더 큰 대가를 요구한다.

## 날씨를 어떻게 할 수는 없지만

여행의 만족도에 가장 큰 영향을 미치는 것은 단연코 날씨다. 그런데 정작 이 부분엔 여행사나 고객이나 속수무책이다. 그렇다고 무작정 가기엔 대가가 너무 크다. 일단 최악의 상황은 피하는 결정을 하자. 예약 전에 여행지 날씨를 꼭 물어보자. 우기는 아닌지, 태풍이나 기상이변의 조짐은 없는지 말이다. 인터넷에서는 한정된 정보만 접할 수 있기에 때로는 현지 정보가 더 정확할 수도 있다. 특히 현지 기온은 온도에만 의존하면 곤란하다. 이집트 사람들도 겨울에는 겨울옷을 입고 솜이불 덮고 잔다. '그 나라 사람이 워낙에 더운 날씨에 적응되어 있기에 조금만 기온이 낮아도 그런 거 아냐?'라고 생각하면 큰코다친다. 가보면 안다. 그러니 날씨에 대한 정보는 현장의 목소리까지 꼼꼼하게 챙기자. 상담 시에 안내가 없다면 충분히 물어보라.

# 패키지여행 중 발생하는
## 문제와 솔루션

여행하다 보면 예상치 못한 문제로 불쾌함을 느끼는 경우가 있다. 대부분 전혀 준비가 안 된 상태에서 갑자기 당한 일로 당황해 더 힘든 경우가 많다. 그래서 미리 알고 준비하면 어느 정도는 예방할 수 있다. 패키지여행 중에 겪을 수 있는 일들을 상황별로 알아보자.

### 일찍 가는 자가 좋은 자리를 차지한다

기내에서는 좌석 배정이 가장 큰 일이다. 만족스러운 좌석에 앉게 되면 다른 것들은 큰 문제가 안 된다. 대한항공이나 아시아나 같은 대형 항공사를 이용한다면 큰 불만 없이 "우리 가족 옆에 앉게 해주세요" 또는 "복도 자리에 앉게 해주세요" 정도가 요청 사항의 전부일 것이다.

문제는 저가 항공의 경우다. 해결 방법은 공항에 일찍 가는 것과 돈을 더 쓰는 것이다. 저가 항공의 경우 비상구 자리는 물론이고 복도 자리 심지어 앞자리도 추가 요금을 받고 판매한다. 인터넷 사전구매도 가능하다. 단체 여행을 인솔하다 보면 출발 전에 사전 발권이 안 되냐고 묻는 사람들이 많다. "죄송합니다. 안 됩니다"라고 답변드릴 수밖에 없다. 국적기도 단체 항공권은 사전 발권이 안 된다. 그래서 여행사 품격 상품 가운데는 장거리 비행 일정의 항공권을 개인 항공권으로 구매해 제공하기도 한다. 물론 더 비싸다.

## 방 배치는 미리 가이드에게 요구하자

호텔에서는 방 배치가 중요하다. 내 방이 왜 아래층이냐, 일행들과 옆방으로 해달라 등등 요구 사항이 많은 상황이 호텔에서 룸키 나눠줄 때 일어난다. 요구 사항을 가이드에게 미리 말해주면 좋다. 불가피하거나 추가 요금이 발생하는 경우가 아니라면 해결해줄 것이다. 보통은 알아서 해주겠지 하고 가만히 있다가 갑자기 화를 낸다. 모두가 곤란해진다. 투어 중에 가이드는 매우 바쁘다. 일부러 그런 것이 아니고 정말 몰랐을 가능성이 크다. 미리 말해주자.

그리고 방에 들어가면 우선 기본적인 것들을 확인하자. 전등은 다 켜지는지, 에어컨이나 난방은 잘 나오는지, TV는 되는지, 욕실에 물은 잘 나오는지 등을 먼저 확인하고 이상 있으면 바로 가이드에게 도움을 청하자. 가끔 자정이 넘어서 가이드에게 물이 안 나온다며 전화하는 고객도 있다. 민망한 상황을 만들지 말자. 보통 체크인 후 30분 정도는 가이드가 호텔 로비에서 대기한다. 혹시 도움이 필요한 손님이 있으면 도와드리기 위해서다. 이 시간을 이용해서 불편한 점도 해결하자. 그리고 호텔 주변에 뭐가 있는지 등의 정보도 받는다면 지혜로운 가이드 활용법이라고 하겠다.

호텔 주변에서 자유 시간을 갖고 싶다면 방에 짐만 갖다 놓고 이상은 없는지 살펴보고 바로 내려와서 가이드 도움을 받아서 즐기는 것이 좋다. 즐거운 호텔 방 사용하기의 팁으로 과일바구니를 이용하는 방법이 있다. 중요 고객에게 환영 선물로 과일바구니를 넣어주는 경우가 있다. 별것 아니지만 문 열고 들어가서 테이블에 놓여 있는 바구니를 보면 기분이 좋아지면서 방 전체가 멋져 보인다. 혹시 효도 관광으로 부모님들께 여행 선물을 드리거나. 가족 여행 갈 때 가족들 몰래 신청해주면 효과가 만점이다. 약간의 돈이 들지만 아깝지 않은 정도다.

## 가이드, 적극 활용하기

가이드는 패키지여행의 꽃이다. 고객의 행복 열쇠를 쥐고 있다고 해도 과언이 아니다. 특히 우리나라 여행객들은 '호텔 후지고 식사 별로인 것은 참아도 가이드가 싸가지 없는 것은 못 참는다'라는 말이 있을 정도로 가이드에 민감하다.

일반적으로 나쁜 가이드는 많지 않다. 고객과 관계를 맺는 데 실패해서 문제가 되는 경우가 많다. 그러나 어느 정도 노력하면 관계가 나아질 수 있다. 우선 나의 존재를 알리고, 가이드의 성향, 일행의 성향 등 좋아하는 것과 싫어하는 것을 알려주자. 이것만 해도 웬만한 문제는 다 예방된다. 가급적이면 첫날 하는 것이 좋다.

나는 패키지 상품을 예약한 고객이 출발하기 전에 현지 담당 가이드에게 전화해 고객 일행이 어떤 구성이며 어떤 성향과 취향인지 등을 미리 알려준다. 그러곤 마지막에 꼭 물어보는 것이 있다. 혹시 한국에서 필요한 것이 있느냐고. 대부분은 없다고 말한다. 그러면 알았다, 잘 부탁한다고 하고 마무리한다. 그리고 고객에게 통화 관련 내용을 전달하면서 공항에서 가이드와 첫 만남 때 통화 이야기를 하라고 한다. 그럼 현지 가이드가 '아, 그 여행사 고객이구나' 하고 고객을 특별한 사람으로 기억하게 된다. 참고로 이때는 가이드가 정신이 없을 확률이 높으니 혹시 길게 이야기해야 할 사항이 있다면 나중에 시간 좀 내달라고 하고 따로 이야기하자.

## 가이드에게 팁 주는 요령

많은 사람이 가이드팁은 얼마가 적당한지, 언제 줘야 하는지 등을 궁금해한다. 요즘은 아시아권 여행 패키지 상품에 대부분 팁이 포함되어 있다. 그래도 정 많은 우리나라 사람들은 '저렇게 고생하는데 팁을 줘야지 어떻게 안 줘' 하며 갈등하는 분들이 많다. 결론은 '안 줘도 된다.' 그러나 마음에 걸린다면 모두 함께 모은 돈을 가급적 첫날 주는 것이 좋다. 그런가 하면 유럽과 미주 지역으로 가는 여행 상품은 '팁 불포함'이 많으며 대부분 첫날 공식적으로 걷는다. 어떻게 보면 이것이 더 마음이 편하다. 대부분 유럽은 한 사람당 하루에 10유로 정도, 미주 지역은 10달러 정도를 걷는다. 그러니까 10일 일정이면 한 사람당 총 100유로, 100달러를 내게 된다.

즐거운 여행을 위해 자발적으로 주는 팁이니 내는 사람이 부담이 없는 선에서 걷는 것이 좋다. 1인당 총금액이 5~10달러 정도가 적당하다. 아이들과 함께 여행가는 경우에는 부담스러울 수 있다. 그러나 이 돈을 내고 나면 아이들 때문에 일행들과 가이드에게 미안한 마음이 가벼워질 것이다. 돈을 지불하고 마음 편한 것이 반대의 경우보다 여행을 위해 좋은 선택이다.

### 단체 차량 이용할 때 알아두면 좋은 팁

차량 이용에는 법칙이 있다. 대표적인 것이 '첫날 앉은 자리가 끝까지 내 자리가 된다'다. 그러니 첫날 자리를 잘 잡아야 한다. 간혹 공항에 나온 차가 다음날 안 나오고 다른 차로 변경되는 경우도 있으니 둘째 날 아침에도 신경 쓰자. 혼자 가거나 친구들과 갈 때는 크게 문제되지 않는다. 가족 여행의 경우에는 신경 쓰일 수 있다. 혹시 같이 가는 일행 중 가족 여행객이 있다면 배려해주자. 또 하나의 법칙으로 '내가 좋아하는 자리는 다른 사람도 앉고 싶어 하는 자리'라는 것이다. 유럽 여행처럼 이동시간이 길고 차창 밖으로 볼 게 많은 곳은 문제가 된다. 그래서 대부분 선호 좌석을 구간별로 돌아가면서 앉도록 한다. 만일 그렇게 하지 않는 가이드를 만난다면 당당히 제안하자. 선호 좌석을 공평하게 돌아가며 앉거나 매일 제비를 뽑자고 해보자.

### 패키지 상품에 있는 식당 선택 기준

패키지는 식당에 갔을 때 어디에 앉을까, 무엇을 먹을까 하는 고민을 별로 할 필요가 없다. 시간 절약과 형평성을 이유로 정해진 메뉴를 고객 도착 시간에 맞춰 준비해둔다. 그저 자리에 앉아서 즐기면 된다. 음료를 시키거나 추가 음식의 경우만 내가 결정할 일이다. 추가하고 싶은 음식이 있다면 가급적 최대한 빨리 말해야 한다. 우리나라 사람들의 식사 속도는 전 세계에서 거의 톱이다. 추가 음식이 나오기 전에 식사가 끝날 가능성이 높다. 그리고 유럽 등의 경우에는 물도 무료로 제공되지 않는다. 맥주. 콜라, 물의 가격이 비슷하다.

참고로 우리나라 사람들이 해외여행을 할 때 적응하기 힘든 것이

256

식사 문제다. 우선 굉장히 빨리 먹는다. 그리고 당연히 빨리 주기를 원한다. 대한민국에서는 어디서나 그렇게 먹을 수 있었기에 당연한 일이라고 생각한다. 그래서 당당하게 요구한다. 그 결과 이제는 우리나라 사람들이 가는 식당에서는 우리가 원하는 대로 맞춰준다. 그러나 거기까지다. 가끔 왜 인터넷에 있는 맛집에 가는 일정은 없냐고 물어보는 사람들이 있다. 난감한 질문이다. 질문자의 의도에 비싸서 안 가는 것 아니냐는 뜻도 있음을 알기에 더욱 그렇다. 그러나 다른 문제도 있다.

첫째, 단체 예약을 받지 않는 맛집이 많다. 이것은 우리나라 맛집도 그렇다. 그래서 서울에 있는 맛집에 물어본 적이 있다. 이런 답을 들었다. 줄 서서 기다리는 사람들이 항상 넘쳐나기에 예약을 받을 필요가 없고 또 예약 손님을 받으면 그 자리를 비워놔야 해서 오히려 손해라고 한다. 듣고보니 맞는 말이다. 맛집 중에는 예약을 받지 않는 곳이 많다.

둘째, 우리나라 사람들이나 특히 단체 관광객들이 원하는 '빨리 빨리'를 맞춰줄 수 없기 때문이다. 더불어 만약 받아준다고 해도 가이드가 힘들기 때문에 최대한 안 간다. 왜냐면 관광객을 받는 식당은 미리 준비하고 기다리고 있기에 빠른 응대가 가능하지만 대부분의 맛집은 고객이 주문했을 때 음식을 시작한다. 그래야 신선하고 더 맛있는 음식을 제공할 수 있기 때문이다. 그러니 "왜 음식을 빨리 안 주느냐?"는 고객의 재촉을 가이드가 감당해내기 어렵다. 만약에 맛집의 음식을 즐기러 갈 때는 마음의 여유를 갖고 음식뿐 아니라 식당의 분위기도 보고 일행과 이야기를 나누면서 즐기는 식사를 하기 바란다.

특히 유럽 국가를 여행할 때는 여유를 갖고 배려의 태도를 배워보자. 유럽에는 요리를 만든 사람을 존중하는 문화가 있다. 우리나라에서도 요즘 셰프에 대한 이미지와 대하는 태도가 달라지고 있다. 유럽에서는 레스토랑에서 식사할 때 돈 내고 서비스를 받는다는 입장에 앞서 훌륭한 요리를 대접받는다는 고마운 마음으로 요리와 제공하는 사람을 대한다.

오래전에 가깝게 지내는 현지 사장이 넋두리하듯 한 말이 생각난다. 그는 손님들이 유럽 음식은 짜다고 불평하며 싱겁게 조리해달라고 주방에 요청할 때 난감하다고 했다. 유럽에서 셰프에게 음식을 이렇게 저렇게 해달라고 하는 말은 굉장한 실례라고 한다. 그런 요청은 셰프에게 너의 솜씨는 형편없다는 모욕적인 말로 받아들일 수 있다는 것이다. 그래서 자칫 잘못하면 쫓겨날 수도 있다는 것이다.

사실 염분 섭취 방식이 다른 유럽의 음식은 우리에게 짜게 느껴진다. 우리는 발효음식과 '장'의 발달로 소금을 직접 섭취하지 않기에 평상시에 짠맛을 자주 접하지 않으며 익숙하지 않다. 그러나 유럽에서는 음식에 직접 소금을 쳐서 먹는다. 대신에 거의 모든 식사에 음료를 곁들인다. 그래서 짠맛을 가셔내는 것이다. 그들이 볼 때 한국관광객은 돈이 없어서 음료를 못 사먹고 음식이 짜다고 불평하는 것처럼 보여질 수도 있는 것이다. 그래서 나는 가급적 고객들에게 음료를 주문해준다. 하여튼 집 떠나면 고생이다. 어쨌든 이런저런 이유로 단체 여행에서는 자주 가는 곳, 즉 단체 여행객들을 받아본 식당에 가게 되는 것이다. 돈을 아끼려고 또는 여행사에 할인해주는 식당으로 가는 경우가 다는 아니라는 점은 알아주기를 바란다.

## 말도 많고 탈도 많은 쇼핑

쇼핑이야말로 신경 쓰이는 상황이다. 쇼핑하고 싶은 사람이 있고 아닌 사람이 있다. 그리고 각자 사고 싶은 것도 원하는 가격대도 다르다. 그렇다면 안 살 건데도 꼭 가야 하는 걸까? 그렇다. 불편하지만 가야 한다. 가는 조건으로 비용이 책정된 상품이다. 요즘은 추가 요금을 내고 쇼핑 일정에서 빠질 수 있게 안내하는 상품도 있다. 그리고 쇼핑 일정이 없는 상품도 있다. 당연히 비싸다.

만약 쇼핑을 한다면 괜찮은 물건인지, 가격은 괜찮은지는 어떻게 알 수 있을까? 지역별로 다르다. 대부분의 동남아 지역은 적당하지 않은 제품이나 가격으로 판매되고 있다. 일본이나 유럽, 호주 등의 지역은 조금 다르다. 여행사에서 쇼핑센터를 일정에 포함하는 것은 여행 상품의 가격을 낮추기 위함이다. 쇼핑센터에서 현지 여행사에 쇼핑컴, 즉 수수료를 주기 때문이다. 그러니 쇼핑은 싼 가격에 구매한 여행 상품에서 필수 일정이다. 의무같이 되어버렸다.

사실 쇼핑컴의 원래 의미는 이와는 다르다. 유럽에서는 판매를 도와준 사람에게 판매자의 이익을 나눠주는 일종의 마케팅 비용의 개념이었다. 그러던 것이 아시아권에서 변질됐다. 일례로 프랑스의 프랭탕(Printemps) 백화점에서도 여행사나 가이드에게 쇼핑컴을 준다. 우리나라 롯데백화점에서도 준다. 당당히 세금은 제하고 준다. 그렇다고 비싸게 팔지 않는다. 그럴 수도 없다. 백화점에서는 마케팅 비용으로 지불되는 것이고 여행사는 정당한 대가를 받는다는 개념이다. 문제는 변질되어 원래의 취지를 왜곡하는 것과 바가지 요금이다. 100% 환불 보장이 되는 곳이라면 사고 싶은 것을 사도 된다고 말할 수 있겠다.

## 쇼핑, 안 가는 게 상책일까?

가족 여행의 경우, 한 사람당 여행 가격이 10만 원이 추가되냐 아니냐는 꽤 적지 않은 비용이다. 그러니 울며 겨자 먹기로 쇼핑센터를 방문하는 상품을 구매하게 된다. 쇼핑할 생각도 없을 뿐 아니라 여윳돈도 많지 않을 수 있다. 여행에 네 명이 왔으나 돈은 한 사람이 내기 때문이다. 친구들 네 명이 하는 여행과는 출발부터 다르다. 그러니 쇼핑센터를 가는 것 자체가 죽을 맛이다. 혹시 물건을 보고 사고 싶은 생각이 들 때면 더욱 불편하다. 결국 안 가는 것이 상책이다.

저렴한 상품으로 가서 쇼핑을 안 할 수 있다면 좋겠지만, 그런 방법이 있을까? 있다. 여러 방법 중 나는 이 방법을 권한다. 우선 첫날 가이드와 편하게 이야기할 수 있는 시간을 갖는다. 그때 솔직하게 본인의 생각을 이야기하고 쇼핑센터 방문에서 빼줄 것을 요청한다. 그리고 가이드에게 사례금을 준다. 돈을 왜 주냐고? 내가 싸게 온 만큼 누군가는 손해를 감수해야 한다. 그리고 대부분 그 손해는 최종적으로 가이드가 짊어진다. 그러니 약간의 돈을 주는 것은 자존심을 지키면서 나의 권리를 찾는 일이 되는 것이다.

## 선택 관광은 이렇게 하자

선택 관광도 쇼핑과 유사하게 생각될 수 있지만 본질적으로 다른 점이 있다. 안 하면 안 되나? 하고 싶지 않으면 안 해도 된다. 그러나 혹시 인터넷에서 알아본 것보다 비싼 것 같다는 생각 때문에, 단지 비싸다는 이유로 망설인다면 하는 것을 권한다. 인터넷에 있는 비용은 단순한 체험 비용을 올려놓은 것이다. 거기까지 이동하는 비용과 안

내 서비스 등은 계산이 안 된 것이다. 물론 그렇게 계산해도 더 비쌀 것이다. 수고하는 가이드와 기사들의 부수입이다. 비싸다고 생각되면 흥정을 하자. "얼마에 해주면 우리 다 가겠다." 이 방법이 효과적이다.

만약에 인터넷 가격에 하려고 개별적으로 간다면 몇 가지 문제가 생긴다. 어떻게 그리고 언제 갈 건가? 그리고 위험하진 않은가? 등등 을 혼자 결정해야 하고, 문제가 생기면 스스로 해결하고 책임져야 한 다. 가이드가 안내하는 곳은 적어도 그런 문제가 없는 보장된 곳이다. 그리고 만일 문제가 생겨도 가이드가 책임지고 해결해준다. 그러니 선택 관광에 대한 결정은 쉽다. 하고 싶다면 하라. 비싸다고 생각된다 면 흥정하라. 그리고 쿨하게 "솔직히 가이드 수고하는 게 고마워서 하 는 거야" 하며 생색을 내도 좋다.

## 패키지로 즐기는 여행지 선택 순서

요즘은 어릴 때부터 여행 경험을 많이 하는 편이라 그런 일이 별로 없지만 과거에는 신혼여행이 첫 해외여행인 경우가 많았다. 그때 비용 대비 만족도가 높지 않은 곳이 고급 휴양지였다. 처음 가는 해외여행 에는 관광지, 특히 기념사진을 찍을 만한 볼거리가 있는 곳이 좋다. 첫 여행은 누구나 부푼 기대를 안고 출발하기에 이것저것 보거나 하고 싶 은 게 많지만 조금 어색하고 낯설어서 편하게 즐기기 어렵기도 하다. 그러니 첫 여행지는 볼거리도 있고 가격도 저렴한 동남아나 일본 같은 곳으로 부담 없이 가는 여행이 좋다. 이후에 어느 정도 여행 경력이 쌓 이고 여유가 생기면 취향에 맞게 휴양지나 체험형 여행으로 옮겨가는 것이 자연스럽고 좋겠다.

# 가깝고 친근한
# 동북아 여행

중국, 일본, 대만은 우리와 가까운 이웃 국가다. 그리고 러시아의 부동항 블라디보스토크(Vladivostok)도 우리와 인근해 있는 멋진 도시다. 그리고 서로 간에 왕래도 잦은 지역이다. 그러다 보니 신비감이나 호기심보다는 가기 편한 곳으로 선택하는 곳이다. 블라디보스토크는 뒤늦게 관광 목적지에 합류되면서 궁금증 유발 관광지가 되었다.

## 가깝고도 먼 이웃나라 '일본'

일본은 그야말로 애증의 나라다. 편하고 깨끗해서 좋은데 국민 감정이 안 좋고, 지진 등으로 위험하다. 많은 사람이 좋아하는 곳이면서도 절대 안 간다는 사람들도 있는 곳이다. 그리고 여행을 준비하다가 취소되는 사례도 많은 곳이다.

일본 여행을 하기 좋은 시기가 언제냐는 질문에 연중 갈 곳이 있다고 대답할 수 있는 곳이다. 남북으로 길게 늘어진 섬나라로 남쪽 섬 오키나와(Okinawa)의 열대기후부터 북쪽으로 설국, 북해도라 불리는 홋

● 홋카이도신궁

카이도(Hokkaido)까지 다양한 기후가 존재한다. 시기별로 지역을 정해서 갈 수 있다. 그리고 골프, 휴양, 관광 등 다양한 목적별 여행을 즐길수 있는 곳이다. 전체적으로 좋은 점은 깔끔하고 안전하고 친절하다.

### 한번 가면 멈출 수 없는 나라 '중국'

중국도 일본과 마찬가지다. 호불호가 있다. 그러나 이유가 다르다. 워낙에 큰 나라다. 한마디로 설명한다는 것이 불가능하다. 그러나 우리나라 사람들은 한마디로 표현할 이미지를 가진 듯하다. 그것은 바로 '지저분하다'와 '믿을 수 없다'다. 대체로 여성들이 싫어한다. 큰 땅덩어리에 비해 꼭 가고 싶다고 말하는 지역은 별로 없는 곳이다. 그만큼 상대적으로 잘 알려지지 않았고, 또 우리의 관심도도 낮다. 그냥 가까워서 싸고 편해서 가는 지역 정도의 이미지다. 하지만 한번 빠지면 끝없이 매력적인 곳이다. 정말 없는 게 없다. 언제 가는 것이 좋은가는 일본과 거의 같다.

특별히 선호하는 지역으로는 어르신들이 죽기 전에 꼭 가봐야 하는 곳으로 생각하며, 갔다 와야 친구들로부터 '인사이더'로 인정받는 관광도시 장자제(Zhangjiajie)가 있다. 이곳은 효도 관광으로 인기가 많아서 5월에는 터무니없이 비싼 요금으로 판매된다. 개인적으로는 아

● 만리장성

직 인기가 그만 못해서 가격이 착한 태항산 일정을 추천한다. 장자제 못지않은 곳이다. 그 외에 시안(Xi'an), 백두산, 주자이거우(Jiuzhaigou), 쿤밍(Kunming) 등 다양한 볼거리가 많은 곳이다. 그래도 서둘러서 갈 것 까지는 없다. 가까운 곳이니 나이 들어서 걷기 힘들 때 가도 된다.

## 대만, 〈꽃보다 할배〉의 나라

대만은 가까운 나라치고는 관광 목적지로 많이 가지 않는 곳이었다. 〈꽃보다 할배〉가 히트하기 전까지는 그런 곳이었다. 꽃보다 시리즈가 방영된 후 대만은 한국인의 인기 여행지로 급부상했다. 그리고 나영석 PD는 대만 관광국으로부터 관광공헌상을 수상했다. 이제는 한 번은 가보고 싶은 궁금한 관광지가 되었다. 여행업자로서 보는 대만은 유명세를 업고 가보고 싶은 관광지가 된 곳이지만 자체적인 매력 요소는 많지 않은 곳이다. 그렇게 생각하는 이유는 재방문율이 낮고, 가고 싶은 여행지 순위가 낮은 곳이기 때문이다. 아마도 역사가 짧고 자연경관이 특출난 곳이 많지 않기 때문인 듯하다.

계절의 흐름은 우리나라와 유사하다. 6~7월이 우기이므로 여행에 적합하지 않다. 겨울철에 간다면 봄 같은 느낌을 받을 수 있다. 가볍게 떠날 수 있는 곳으로 여행을 즐기기보다는 함께 가는 사람과 좋은 추억을 만들고 싶을 때 가면 좋은 곳이라 생각한다. 어른이 된 딸이 엄마와 함께 여행하기 좋은 곳이다.

애니메이션 〈센과 치히로의 행방불명〉 등의 무대가 된 아기자기한 곳들이 있어서 연인이나 친구들의 추억 만들기 여행지로도 좋다. 다른 곳과는 다르게 택시 투어가 있어 이용할 수 있다. 가급적 한국인이 진행하는 것을 이용하는 것이 편리하고 안전하다.

## 러시아의 부동항 블라디보스토크

블라디보스토크(Vladivostok)는 코로나19 전까지 인기 지역으로 부
상하던 곳이었다. 가깝지만 생소한 관광지로, 이웃에 있는 유럽 국가
이미지다. 2박 3일이나 3박 4일의 짧은 일정으로 부담 없이 다녀올 수
있다는 장점이 있다. 우리에게 익숙한 킹크랩 등 게 요리와 러시아 요
리를 맛보는 즐거움을 누릴 수 있다. 아직 볼거리나 즐길 거리가 많지
않지만 지속적으로 방문객이 늘어난다면 콘텐츠가 많아질 것이라고
본다. 특히 골프장이 생긴다면 골퍼들의 여름 여행지로 급부상할 것
으로 예상된다. 아직 골프장이 있는 것은 아니다. 배편을 이용하는 여
행 상품도 있으며 이웃 도시인 하바롭스크(Khabarovsk)를 포함하는 상
품도 있다. 문화와 인종의 이질감에서 오는 낯섦과 기대가 여행객의
마음에 한 번쯤 가보고 싶은 곳으로 자리매김하게 되었다. 짧은 일정
으로 친구들이나 직장 동료 모임에서 갈 만한 곳이다.

# 즐길 거리가 다양한
## 동남아 여행

우리가 생각하는 동남아의 대표 관광국은 태국이라 불리는 타이다. 그 외에 필리핀, 싱가포르, 베트남, 캄보디아, 미얀마 등을 동남아 여행지라고 한다. 발리(Bali), 괌(Guam), 사이판(Saipan) 등은 왠지 휴양지로 분류되는 것 같다. 굳이 말하자면 동남아의 휴양지 정도다.

다양한 목적으로 많은 사람이 찾는 곳이다. 골프, 힐링, 휴양은 물론이고, 친목 모임의 여행지로 인기 있는 지역이다. 그만큼 다양한 매력을 가진 곳이다. 특히 언제나 따듯한 곳이다. 그리고 물가가 싸다. 이 두 가지 장점이 크게 드러나는 곳이다. 언제 가도 좋은 곳이지만 특히 우리나라 겨울철에 인기 있는 여행지다. 그래서 겨울 방학 시즌이 가장 비싼 시기다.

한여름에 간다면 더위를 각오하고 즐겨야 한다. 다행히 에어컨 시설이 좋다. 그리고 여름에 다녀오면 상대적으로 우리나라의 여름이 견딜 만하게 느껴지는 효과가 있다. 국가별로 우기가 조금씩 다르다. 우기는 가급적 피하는 것이 좋다.

## 세계적인 관광 국가, 태국

태국은 우리나라 여행객들에게 패키지여행의 메카 같은 곳이다. 가장 많은 사람이 가본 곳이고 여러 여행사에서 많은 상품을 팔고 있는 관광지다. 세계적으로도 관광 국가로 인식되어 있다. 그러다 보니 유명 관광지에는 다양한 사람들이 언제나 넘쳐난다. 그런데 웬일인지 우리 눈엔 한국 사람과 중국 사람들만 보일 것이다. 왜일까? 서양 사람들은 우리와 다른 패턴으로 여행을 즐기기 때문이다.

우리보다 휴가가 길고 단체로 움직이기보다 개별 여행이 대부분이다. 그러다 보니 우리처럼 짧은 5일 일정으로 바쁘게 움직이는 여행이 아니라 한 달 정도 머무르면서 낮에는 태닝이나 마사지를 즐기며 빈둥거리고 밤에는 여기저기 다니면서 쇼핑 등을 하는 휴양형 여행을 한다. 그러니 같은 지역에 있어도 잘 안 만나게 되는 것이다. 마치 고3 딸과 아빠가 서로 얼굴 보기 힘든 것처럼. 아무튼 우리나라에서 태국 패키지여행은 방콕·파타야 5일 상품이 가장 일반적이다. 효도 관광으로도 많은 사랑을 받았으나 요즘엔 젊은 어르신 중 이미 다녀오신 분들이 많다. 가족 첫 여행지로 경비나 준비 등에서 무난하다. 우리나라로 하면 서울과 속초로 구성된 여행을 보는 느낌이다.

그리고 남쪽에는 한때 신혼여행지로도 인기가 있었던 푸껫(Phuket)이 있다. 우리나라의 제주와 비교할 수 있겠다. 요즘 신혼부부들은 여행 경험이 많아서 남들 다 아는 곳은 식상하다고 생각한다. 그래서 푸껫보다 좀 더 가야 하는, 유럽인들에게 동양의 진주라고 불리는 '크라비(Krabi)'가 알려지고 있는 추세다. 그림 같은 바다에 환상적인 섬들이 매력적이며 여행객 대부분이 유럽인이라는 점도 인기 지역으로 떠오

● 크라비 인근 해변

르는 이유 중 하나다.

　북쪽 산악지대에 위치한 치앙마이(Chiang Mai)는 처음엔 골프 여행지로 알려지기 시작했고 차츰 일반 여행객들에게도 알려졌다. 태국의 또 다른 매력을 느낄 수 있는 관광지로 각광받고 있다. 그리고 전반적으로 태국은 여행객들에게 친절하다. 또한 여행을 위한 인프라가 잘 되어 있다. 그리고 세계 3대 음식으로 꼽는 태국의 다양한 음식을 맛볼 수 있다. 그야말로 풍부한 장점이 넘치는 매력적인 관광지다.

　그만큼 패키지여행 상품 지역으로는 볼 것, 즐길 것이 많은 여행지인데 짧은 기간에 많은 일정을 바쁘게 소화하는 수박 겉핥기식 일정이 대부분이라는 점이 특히 아쉽다. 최소한 하루 이상, 두 번 이상의 자유 시간을 누릴 수 있는 상품과 여유 있는 일정으로 구성된 상품이 나오기를 기대한다.

● 크라비의 길거리 음식

## 여행객이 점점 늘어나고 있는 베트남

베트남은 코로나19 이전까지 여행 목적지로 인기가 가파르게 상승한 지역이다. 남북으로 긴 지형을 갖고 있다. 대체로 바다가 아름다운 색은 아니지만, 유네스코 세계자연유산에 지정된 하롱베이(Ha Long Bay)가 풍광으로 유명하다. 그렇다면 바다나 자연 풍광이 태국에 비해 뛰어난 점이 없는데 우리나라 사람들에게 인기 지역으로 급상승하고 있는 이유는 무엇일까? 일단 견물생심(見物生心)이라고 다양한 산업 협력이 있다는 점이 작용한 것 같다. 뉴스 등에서 자주 접하다 보니 궁금증이 가보고 싶은 욕망으로 발전하게 될 수 있다. 그리고 이웃의 동남아 국가와 다른 국민성이 우리 취향에 맞는 것 같다. 다른 동남아 국민에게는 찾기 힘든 성공에 대한 욕심과 의욕적인 태도가 빠른 성장을 이뤄내고 있어 다양한 고객의 욕구를 충족시켜준다.

쉽게 알 수 있는 사례로 홍보 전단지를 돌리는 사람들을 심심찮게 볼 수 있는 특별한 나라다. 전통적인 대표 여행지는 하노이(Hanoi)-하롱베이 3박 5일이다. 왜 4박 5일 아니냐고? 첫날은 베트남 행 기내에서 이동하며 보낸다. 그래서 3박 5일이라고 부른다. 동남아 여행 상품에는 이런 일정이 많다. 우리와 비교해서 설명하면 서울과 남해의 거제나 다도해를 함께 보는 일정과 유사하다.

그리고 중부 해안가의 다낭(Da Nang)이 있다. 이곳은 한가한 어촌 마을인데 우리나라 관광객 때문에 유명 관광지로 급부상했다 해도 과언이 아닌 곳이다. 특히 이곳 여행 상품 중에는 바구니 배를 타는 일정이 많이 있다. 한국 관광객들을 대상으로 라이따이한(베트남전에 참전했던 한국인 병사와 베트남인 사이에서 태어난 자녀)들이 운영하는 뱃놀이 선

● 호이안

택 관광이다. 불모지 같던 지역이 많은 사람이 찾는 관광지로 성장해
어엿한 마을을 이루게 되었다. 그전까지 사회적 약자의 삶을 살았던
라이따이한들이 이 산업을 통해 주위의 부러움을 받는 삶을 살게 된
뿌듯한 사연이 있는 관광지다. 그 외에도 남쪽의 휴양지 나트랑(Nha
Trang)과 푸꾸옥(Phu Quoc) 등의 새로운 관광지가 속속 개발되고 있다.
지속해서 우리나라 여행객들에게 인기가 높아지고 있다.

## 깨끗하고 아름다운 싱가포르

싱가포르는 동남아 국가 중 잘사는 나라라는 이미지가 있는 곳이다. 그리고 적도와 가까운 나라다. 태국보다 덥다. 그래서 에어컨 시설이 정말 빵빵하다. 6층 높이의 식물원을 시원한 에어컨 혜택을 누리며 즐길 수 있다. 그 외에 인생샷을 찍는 하늘 수영장으로 유명한 마리나 베이 샌즈(Marina Bay Sands) 호텔, 센토사(Sentosa)섬 그리고 이웃 섬인 바탐(Batam)과 빈탄(Pulau Bintan) 등 다양하게 즐길 거리가 있는 곳이다. 그리고 깨끗하고 안전한 이미지 때문에 여성 여행객들에게 꾸준히 사랑받는 곳이다. 특히 국가 전체가 면세구역이다. 엄마와 딸, 여자 친구들이 간다면 만족이 보장될 것이다. 아빠 입장에서는 같이 안 가고 보내만 줘도 점수 딸 수 있는 곳이다. 아쉬운 점은 골프나 마사지, 노래방은 만나기 어렵다는 것. 높은 땅값과 인건비 때문이다. 현지인들도 바탐섬이나 빈탄섬으로 가서 주말을 즐기고 온다.

## 불가사의한 건축물의 매력적인 캄보디아

캄보디아는 베트남과 태국 사이에 있다. 세계적으로 유명한 유적지 앙코르와트(Angkor wat)와 앙코르톰(Angkor Tom)이 있다. 그래서 수도인 프놈펜(Phnom Penh)보다 앙코르와트와 앙코르톰이 있는 씨엠립(Siem Reap)이 더 많은 사람에게 알려져 있다. 두 유적지 안에는 바욘 사원, 바라문교 사원 등 여러 사원들이 있다. 이외에도 캄보디아는 불가사의한 건축물과 순수한 사람들이 있는 곳으로 매력적인 개발이 필요한 관광지다. 특산품으로는 상황버섯이 유명하며 저렴하게 살 수 있다. 일반적으로 기왕이면 많이 보는 일정이 좋다고 생각되는 것이

● 바욘 사원

패키지 상품이다. 그래서 한때 캄보디아만 단독으로 보는 일정보다
베트남 하노이와 함께 보는 상품이 인기였다.

　여기에 캄보디아로 가는 직항이 많지 않아 베트남을 경유해 가기
때문에 두 곳을 한 번에 보는 일정을 만든 것이다. 이 일정은 어르신
들이 좋아하지만 효도 관광으로 추천하고 싶지는 않다. 여름 한낮의
뙤약볕 아래서 움직이는 것도 그렇고 젊은 사람들보다 체력이 좋지
않은 어르신들이 한꺼번에 두 나라를 가는 것은 건강에 좋지 않다.

## 유구한 역사를 지닌 유적지의 나라 미얀마

1983년 '아웅산 테러(북한이 미얀마의 독립운동가인 아웅산의 묘소에 방문한 전두환 대통령을 대상으로 한 폭탄 테러)' 사건으로 우리나라와 인연이 있다. 그리고 파고다가 가장 많은 나라다. 파고다(pagoda)는 불탑, 탑파 등으로 불리는데 사찰에 세워진 탑이라는 뜻으로 석가모니의 유골이나 사리를 기리기 위해 세워진 건축물이다. 양곤(Yangon) 시내의 웅대한 쉐다곤 파고다(Shwedagon Pagoda)가 대표적인 파고다로 인정받고 있다.

그리고 북쪽의 히말라야산맥 아래부터 남쪽에 있는 태국의 푸껫 근처까지 길게 뻗은 광대한 영토와 풍부한 지하자원 그리고 아름다운 자연경관을 갖고 있는 나라다. 유구한 역사를 지닌 미얀마는 한마디로 아름다워서 더 안타까운 나라라고 말하고 싶다. 영국의 동인도회사의 국권 침탈을 시작으로 오랜 기간 영국의 식민통치를 받았었고 일본의 지배를 잠깐 받았었다. 미얀마는 1947년 공식적으로 독립 공화국이 되었으나 오랫동안 내전이 이어졌다. 1962년에는 군부가 쿠데타를 일으켜 2011년까지 미얀마를 지배했으나 2010년부터 단계적 민주화 과정을 거쳐 2015년 문민정부를 수립하는 데 성공했다. 그러나 군부의 권력은 여전히 살아 있어 불완전한 민주정이 유지되다가 2021년, 총선 결과에 불복한 군부가 다시 쿠데타를 일으켜 현재는 민주 정부를 갈망하는 시민군이 군부를 상대로 힘겨운 싸움을 벌이고 있는 안타까운 상황이 지속되고 있다.

우리나라에서는 다른 동남아 국가에 비해 인기가 적은 곳인데 그 이유는 상대적으로 비싼 여행 경비 때문이다. 미얀마의 도로 사정은 그야말로 최악의 수준이라 여행을 위해서는 항공편을 이용해야 한다.

● 담마얀지 사원

양곤 인근 외에는 포장도로가 거의 없다. 전국에 산재한 관광지를 둘러보기 위해서는 식민지 시절에 영국이 만들어둔 공항을 이용해야 한다. 국내선 항공기를 네 번 정도 이용해야 유명 관광지를 모두 볼 수 있다. 그러니 미얀마 여행은 150만 원 이하의 상품을 만들기가 어렵다. 한때 저렴한 여행을 잘 만드는 여행사에서 양곤과 주변만 보는 짧은 일정으로 상품을 만들었는데 반응이 그저그랬다.

주요 관광지로는 경제의 중심이자 대표 파고다가 있는 양곤, 고대

왕조의 장엄한 유적을 배로 이동하며 볼 수 있는 바간(Bagan), 만달레이(Mandalay) 그리고 유럽인들이 사랑하는 호수마을 낭쉐(Nyaung Shwe)가 있다. 낭쉐에는 그 유명한 인레(Inle) 호수가 있다. 이곳을 가려면 항공편을 이용해야 한다. 동남아의 다른 국가와는 전혀 다른 여행 형태가 되며, 단일 국가 여행에서 가장 많은 항공기 탑승 체험을 하게 된다. 그런데 이런 불편함을 기꺼이 감수하면서까지 여행을 오는 사람들이 많다는 것은 그만큼 가치와 만족이 보장된다는 방증이다. 앞으로 정치가 안정되고 기반시설이 구비되면 관광뿐만 아니라 사회 전반적으로 크게 발전할 수 있는 저력이 있는 곳이라 생각한다.

## 인기 여행지로 떠오르고 있는 라오스

라오스는 젊은 사람들 사이에서 인기 여행지로 떠오르는 지역이

● 남쏭강

다. 유럽의 젊은 배낭여행객들이 저렴하게 쉬어가는 여행지로 손꼽는 곳이다. 이런 사실이 우리나라에도 점점 알려졌고, TV 프로그램에 배낭여행의 천국처럼 소개된 적이 많다. 중장년층이나 여성들에게는 만족도가 낮게 나타나는 곳이다. 젊은이들이 친구들과 함께 배낭여행으로 다녀올 만한 곳이라고 생각하면 좋을 듯하다. 방 비엥(Vang Vieng)에 있는 남쏭(NamSong)강에서는 카누와 모터보드 등을 즐길 수 있다.

### 바라만 봐도 좋은 천혜의 휴양지 필리핀

필리핀은 우리나라에서 가깝고 물가도 저렴하고 아름다운 바다가 널려 있는 천혜의 휴양지다. 하지만 안타깝게도 치안이 좋지 않다. 1년에 한 번 이상 안 좋은 소식으로 뉴스에 오르내린다. 미국식 법을 따르는 국가라서 총기 소지가 가능한 것이 가장 큰 이유다. 그래서 좋은 조건임에도 불구하고 꾸준한 인기를 얻지는 못하고 있다.

보라카이는 영국 방송 BBC에서 아름다운 바다로 방송된 이후 본격적으로 개발된 곳이다. 최장 16km의 작은 섬이기에 공항을 건설할 수 없어 이웃 섬의 공항을 이용한 후 차 타고 배 타고 또 가야 한다. 그야말로 산 넘고 물 건너가야 하는 고생길이다. 그러나 바다를 보는 순간 고생스러움이 다 녹아 없어진다. 아름다운 바다와 불타는 밤을 즐길 수 있는 매력적인 섬이다.

그리고 섬에서는 치안 상태가 양호한 편이다. 2018년에는 필리핀 정부에서 섬을 위한 안식년을 가지기도 했다. 한 가지 더 맘에 드는 것은 밤에 바닷가에서 모기 걱정 안 하고 놀 수 있다는 것이다. 항상 시원한 바람이 불기 때문에 해변에 모기가 날아다니지 못한다. 그 외

● 마닐라대성당

에 유명 리조트들이 많기로 유명한 세부(Cebu)와 골퍼들이 좋아하는 클락(Clark) 그리고 마닐라(Manila)-팍상한(Pagsanjan) 일정이 있다. 물론 이 외에도 고래상어와 놀 수 있는 팔라완(Palawan) 등 수많은 섬이 있다. 그야말로 치안만 좋다면 언제라도 날아가서 쉬고 싶은 나라다.

# 아시아권의
# 인기 높은 휴양지들

　　비교적 가볍게 다녀올 수 있는 휴양지는 괌. 사이판. 세부, 보라카이, 나트랑, 코타키나발루(Kota Kinabalu), 푸켓, 발리 등이다. 국가와 풍광은 조금씩 다르지만 여행 목적과 형태가 비슷하다. 대부분 숙소의 시설과 규모의 차이가 선택을 좌우한다. 이를테면 핫한 숙소가 있는 곳이 인기 지역으로 부상한다. 그래서 매년 새로운 숙소가 생겨나고 홍보에 열을 올린다. 그래서 새로 생긴, 아직 홍보가 덜 된 숙소의 프로모션을 활용하면 좋다.

　　비행시간이 다섯 시간 이내의 곳은 아이들이 있는 가족 여행객들이 선호한다. 이러한 이유로 방학 기간이 최고의 성수기다. 피할 수 있다면 피하는 것이 좋다. 다섯 시간 이상 가야 하는 장거리 휴양지는 젊은 연인들이나 친구들 또는 직장 동료들 간의 힐링 여행지로 인기가 있다. 물론 괌이나 보라카이처럼 모두가 좋아하는 휴양지도 있다. 괌은 연말에 조금 더 붐빈다. 미국의 세일 기간 때문이다. 꿩 먹고 알 먹고 하려는 주부들이 아이들과 함께 많이 간다. 그리고 지역별로 우

● 보라카이의 해변

기를 확인해 피하는 것이 좋다. 특히 섬 지역은 태풍 발생 시기를 확
인해야 한다. 자칫 아무것도 못 하고 태풍 구경만 하게 될 수도 있다.
섬 지역은 비교적 치안이 좋은 편이다. 아마도 관광지로서 별도의 치
안 관리를 하기 때문인 듯하다. 그러나 발리 지역은 서구권의 젊은이
들이 많이 찾는 곳이어서 그런지 간혹 테러가 발생하기도 한다.

# 누구나 꿈꾸는
# 북미와 남미 여행

캐나다, 미국, 멕시코, 브라질, 아르헨티나. 이 나라들은 왠지 그냥 다 하나의 미국같이 생각되는 나라들이지만 그렇지 않다. 일반적으로 아메리카 대륙을 지리적으로 나눠 북미, 중미, 남미로 이야기한다. 쉽게 말하면 아메리카 대륙의 북쪽에는 미국, 캐나다가 있고 남미에는 칠레와 아르헨티나가 있다. 중미에는 멕시코, 쿠바가 있다.

보통 우리나라 사람들에게 미국 여행은 만만하거나 편한 곳이 아니다. 그래서 그만큼 가보고 싶은 곳이고, 그에 비해 상대적으로 덜 알려진 곳이기도 하다. 거리가 멀고 비용이 많이 들어 여행 가기 쉽지 않은 곳이라 그런 것 같다. 그리고 보통 친지 방문을 겸하는 여행객이 많은 곳이다. 미국에서 가이드 일을 해본 태국의 어떤 가이드가 이런 말을 했다. "태국에서 가이드를 대하는 태도와 미국에서 가이드를 대하는 태도는 완전히 다르다." 미국에서는 한마디만 하면 알아서 착착 따라주는데 태국에서는 집합 시간에 늦게 오는 일도 많고 하여튼 어렵단다. 우리가 미국에 대해 어떤 생각을 하고 있는지 잘 느끼게 해주는 말인 것 같다. 보통 샌프란시스코(San Francisco), 라스베이거스(Las Vegas), 로스앤젤레스(Los Angeles) 등 미서부 일주 한번 다녀오는 것으로 만족하는 편이다. 상대적으로 워싱턴(Washington, D.C.)과 뉴욕(New York City)이 있는 미동부나 캐나다, 멕시코 등은 가기 어렵다고 생각한다. 특히 멕시코는 요즘이야 칸쿤(Cancun)이 신혼여행지로 떠오른 정도다. 미서부 일주는 어느 때든 나름의 맛이 있지만 미동부는 겨울철에는 너무 추우니 피하는 것이 좋다. 대신 이때는 가격이 싸다. 캐나다는 밴프국립공원(Banff National Park)이 가장 인기가 좋은 곳이다. 여름 한철에 붐빈다. 하지만 겨울철에는 눈이 많이 오고 추워서 여행 자체가 어려운 곳이다. 차가 얼어서 시동이 안 걸리기도 한다. 여름철에 얼음을 볼 수 있는 곳이다. 사람이 특수장비 없이 갈 수 있는 거의 유일한 빙하지대다. 곧 출입금지 지역이 될 수도 있다고 하니 빙하를 보고 싶은 사람은 기억하자.

 **동서남북으로 구분하는 아메리카 대륙**

· 북미: 미국, 캐나다, 하와이
  - 미서부: 샌디에이고, LA
  - 미동부: 시카고, 뉴욕, 워싱턴
  - 미북부: 시애틀
  - 캐나다동부: 토론토
  - 캐나다서부: 밴쿠버

· 중미: 멕시코, 쿠바, 카리브해
· 남미: 칠레, 아르헨티나

## 낭만이 있는 그림 같은 여행지 남미

아메리카 대륙은 지리적으로 나누면 남미와 북미지만 그보다는 언어나 문화로 구분하는 것이 더 와 닿는다. 영어를 사용하는 국가와 라틴어를 사용하는 국가로 나누는 것이 여행지 구분으로서는 더 효과적이다. 그리고 우리는 일반적으로 라틴어를 사용하는 지역을 여행할 때 남미 여행이라고 생각한다. 멕시코, 과테말라 등의 중미 국가도 뭉뚱그려서 남미에 포함해 생각하기도 하는데, 그만큼 이 지역에 대해서 잘 모른다는 방증이다. 그렇기에 막연히 한번 가보고 싶다는 로망을 갖는 지역이다.

남미에는 칠레의 산티아고(Santiago) 순례길과 아르헨티나의 아름다

● 엘칼라파테

운 빙하 엘칼라파테(El Calafate)가 유명하다. 그러나 거리가 멀고 비용도 만만치가 않아서 한번 갈 때 길게 가는 여행지다. 짧게는 13일부터 길게는 28일 일정의 패키지 상품이 판매되는 지역이다. 중남미를 아울러서 14일 만에 핵심만 보는 일정과 중미 또는 남미만 20일 넘게 여행하는 심도 깊은 일정의 상품까지 그야말로 다양한 상품이 판매되고 있다.

이 지역으로 여행을 가는 사람들은 여행의 경험이 풍부하거나 마니아 성격이 있는 경우가 많기에 그만큼 상품도 다양하다. 적도부터 남극 가까이까지 여러 나라의 다양한 기후를 한 번의 여행에서 만나는 여행이다. 옷가지 등에 대한 준비를 섬세히 할 필요가 있다. 비용도 다른 지역에 대비 월등히 높다. 경비와 사전 공부 등 여유를 갖고 오랜 기간 준비할 필요가 있다.

## 한 번은 꼭 가보고 싶은 북미 여행

북미의 대표적인 패키지는 역시 미서부 일주다. 미국 서부 지역의 대표적인 랜드마크를 버스 투어로 둘러보는 일정이다. 캘리포니아주의 대표 도시인 로스앤젤레스와 샌프란시스코가 관문 도시가 된다. 로스앤젤레스에는 디즈니랜드(Disneyland)와 유니버설스튜디오(Universal studio) 등을 보고 샌프란시스코에서는 금문교(Golden Gate Bridge)와 근교의 요세미티국립공원(Yosemite National Park)을 본다. 그뿐만 아니라 그랜드캐니언(Grand Canyon), 라스베이거스 등 유명한 랜드마크를 7~9일간의 일정으로 즐기는 일정이다. 이 지역들은 많은 사람이 꼭 한번 가보고 싶어 하는 북미 여행의 대표적인 관광 상품이다.

● 요세미티국립공원

● 레이크 루이스

대한민국 방방곡곡에서 여행 상품을 예약한 여행객들이 LA 공항에서 갑자기 만나 같은 버스를 타고 함께 여행하게 되는 상황에 놀라는 상품이기도 하다. 이것은 인건비와 버스요금이 만만치 않은 미국의 특성 때문이다. 가성비를 위해 여행 상품 가격을 낮추기 위한 운영 방안에 따른 결과다. 즉 사십 명 이상을 한 팀으로 구성해 경비 절감 효과를 보는 것이다. 그렇게 모객 효과를 높이기 위해 하나의 일정을 여러 여행사에서 공동판매하는 상품이다. 미동부 일주는 상대적으로 인기가 낮다. 비용이 비싼 것도 있지만 한 나라를 두 번 가기보다는 안 가본 나라를 가고 싶은 니즈가 더 큰 것과 비행시간이 더 길고 서부에 비해서 볼거리가 약하기 때문이기도 하다. 보통 뉴욕, 워싱턴, 보스턴(Boston) 등을 방문하며 유명 랜드마크인 뉴욕의 자유의 여신상(Statue of Liberty)이 포함되어 있다.

　　캐나다의 나이아가라폭포나 남쪽의 플로리다(Florida) 방문이 포함된 일정도 있다. 플로리다가 포함된 상품은 일정이 더 길고 비싼 반면 선호도는 낮은 편이다. 그리고 색다른 느낌으로 미국을 어필하는 여행지가 바로 하와이(Hawaii)다. 아마도 우리나라 사람들이 선호하는 휴양지 중 가장 먼 곳에 위치한 곳일 것이다. 한마디로 표현하면 휴양 여행을 대표하는 듯한 이미지를 갖고 있다. 한국인에게 로망의 대상 같은 여행지다. 영화〈친구〉에서 장동건의 대사 "네가 가라 하와이"로도 유명하다. 비행거리 편도 약 8시간으로 왕복이면 15시간이 넘는다. 여행 기간은6일이 선호된다. 자유 일정이 있으며 이때 선택 관광을 하게 된다. 미국에서도 물가가 비싼 곳으로 꼽히는 지역이다. 여윳돈을 넉넉하게 준비해 가는 것이 좋다. 그 외 동부와 서부를 한 번에 보는 미국 일주 상품 등이 있으나 선호도가 낮을 뿐 아니라 만족도가 높지 않다.

캐나다 여행도 미국처럼 서부, 동부, 일주 여행 상품이 있다. 캐나다도 서부 여행이 인기가 높다. 캐나다 서부 여행은 로키산맥(Rocky Mountains)의 빙하를 보는 것이 목적이라고 해도 과언이 아니다. 밴쿠버(Vancouver)로 들어가서 버스로 이틀을 이동해서 밴프국립공원과 레이크 루이스(Lake Louise) 등 주변의 경관을 즐기는 것이 하이라이트라고 할 수 있다. 특히 전문 장비를 준비하지 않고 편안하게 빙하를 체험할 수 있는 콜롬비아빙원(Colombia Ice Field)이 있다. 밴쿠버에서 캘거리(Calgary)까지 항공편을 이용하면 이동시간을 줄일 수 있다. 왕복 모두 항공을 이용하는 것보다 한 번은 버스로 이동하는 것을 추천한다. 서서히 변해가는 차창 밖 풍경을 보는 것도 좋고 캐나다의 작은 마을을 보는 재미도 쏠쏠하다. 캐나다는 7~8일의 일정이 일반적이며 가끔 미국 시애틀에서 일정을 시작하는 상품도 있다. 스타벅스 1호점을 방문하는 것과 육로로 국경을 통과하는 경험도 재미있다. 추천한다.

# 새로운 도전,
# 크루즈 여행

　많은 사람이 로망으로 생각하는 여행이다. 그만큼 실행하기 어려운 여행이라는 뜻이다. 우선 비용이 만만치가 않다. 그리고 유사한 경험을 해본 적이 없는 낯선 여행 방식이다. 영화나 TV에서 본 화려함이 아는 것의 대부분이다. 그래서 로망과 현실의 차이가 크게 느껴지는 여행이다. 또 기대만큼 실망도 큰 여행이다. 그래서 다른 어떤 여행보다도 준비를 잘해야 한다.

　크루즈 여행을 잘하기 위해서는 자유 여행이나 패키지여행과는 다른 준비가 필요하다. 하지만 이런 정보들을 알려주는 곳이 거의 없다. 그래서인지 크루즈 여행은 다녀온 사람들의 만족도가 낮은 편이다. 여행을 가기 전에는 자랑하는 사람이 많은데 다녀와서 자랑하는 사람은 많지 않다. 자랑할 만큼 만족스럽지 않았고 자랑할 에피소드가 없었기 때문이다. 그렇다면 크루즈 여행은 보기와는 다르게 재미없는 여행일까? 그렇지 않다. 단지 잘 즐기기 위해 준비가 필요하다. 그것도 다른 여행과는 다른 준비가 필요하다.

코로나19 전에 만족도 높은 크루즈 여행을 다녀온 여행 사례를 들어보자. 이분들도 다른 사람들과 마찬가지로 크루즈 여행에 대한 로망으로 오래전부터 멤버를 모아 모임을 결성하고 경비를 모아왔다. 어느 정도 돈이 모여 적당한 여행 상품을 찾고 있었다. 그리고 들뜬 마음에 가급적 빨리 출발하기를 원했다. 마침 몇 개월 뒤에 출발할 수 있는 원하는 상품이 있었다. 상품 설명을 위해 모임 자리에 참석했다. 그런데 그날 출발 시기를 최소한 6개월 뒤로 미루자는 결정이 났다.

이야기를 나누면서 아직 크루즈 여행을 즐기기 위해 꼭 필요한 준비들이 부족하다고 느껴졌기 때문이다. 이 결정에는 당연히 내 영향이 있었다. 그리고 다행히 몇 번의 여행을 함께한 총무님도 내 의견에 동의해주셨다. 그리고 더 좋은 여행을 위해 출발을 연기하자는 취지를 모두 이해했다. 그렇게 멤버들의 넓은 마음으로 연기가 결정된 것이다. 그때부터 6개월 정도 모든 멤버가 크루즈 여행을 위한 준비를 했다. 간단한 회화를 할 수 있을 정도의 어학 공부와 더 즐길 수 있도록 와인 공부도 함께 했다. 그리고 파티용 춤을 배우고 파티복과 예복을 구매하거나 대여했다. 춤을 배우는 것에 오랜 시간이 필요했다. 그러나 멤버 모두가 가치 있다고 생각했고 후에는 배우길 잘했다고 말했다. 크루즈 여행 이후에도 춤을 통해 모임이 더 재미있어지고 건강도 지킬 수 있어서 좋다고도 했다.

이 외에도 여행을 더 재밌게, 더 제대로 즐기기 위해 몇 가지 원칙을 정했다. 네 명 이상 함께 다니지 않는다. 특별히 식사 시간이나 파티 시간에는 가급적 둘씩 다니면서 외국인 여행객과 합석하기로 하는 등 구체적인 방법도 알려주었다. 그리고 크루즈에서 하는 디너 파티나 행사에 적극 참여하기로 했다. 크루즈 여행은 기본 행사를 출발 전에 알아볼 수 있고, 이에 맞춰 출발 전부터 여러 계획을 세우고 준비했다. 결국 이분들이 크루즈 여행 내내 최고의 인기 팀이었다고 한다. 귀국 후 뒤풀이 때 여행 중 사귄 외국인 친구들과 함께 찍은 다양한 모습의 사진들을 보여주었다. 자랑하며 웃는 얼굴에 뿌듯한 자부심이 묻어 있었다.

그런데 왜 크루즈 여행은 이런 준비가 필요했던 걸까? 그것은 일반 여행은 보는 여행, 즉 관객의 입장에서 여행을 하는 반면 크루즈 여행은 그들의 문화권 안에 참여하고 직접 만나는 여행이 되기 때문이다. 그리고 바로 그 점이 크루즈 여행의 매력이다. 그러니 당연히 그들의 문화를 즐기기 위한 준비가 되어 있어야 하는 것이다. 골프를 할 줄 모르는 사람이 멋진 골프 친구를 만나 함께 즐기는 로망에 이끌려 골프채를 들고 골프장에 간다고 해서 저절로 골프를 즐길 수 있게 되지는 않는다. 잘하지는 못해도 최소한 함께 즐길 수 있는 정도의 수준이 되어야 한다. 크루즈 여행도 이와 같다. 그리고 크루즈 여행을 잘 준비하면 서양의 문화에 대해서 이해하는 계기가 될 것이다. 즉 내 인생에 이해하고 즐길 수 있는 새로운 세상 하나를 더 갖게 되는 것이다. 그러니 조금 번거롭더라도 할 수 있는 만큼 준비해서 재밌는 추억을 만드는 당당한 크루즈 여행을 하자.

5장

# 여행의 실전,
# 이렇게 준비하고
# 이렇게 떠나자

# 여행 선택에서
# 출발까지

### 떠나는 해방감

여행의 즐거움은 떠남에서 얻을 수 있는 해방감에서 출발한다. 온 갖 구속에서 벗어나 온전한 나 자신이 되는 만족감이다. 그리고 여행을 통해 얻은 행복한 추억은 새로운 삶을 살아갈 활력이 된다. 이렇게 소중한 선물을 주는 여행은 실행을 요구한다. 단순히 알고 있고, 가야지 하는 마음만으로 얻을 수 있는 것은 없다. 세상 무엇보다 소중한 나의 행복을 위한 가장 효과적인 행위인 여행을 슬기롭게 떠나는 방법을 알아보자. 덥석 예약부터 하거나 '어디로 가야 하지?' 하고 몇 개월간 고민하는 것보단 다음과 같은 순서에 따라서 준비한다면 훨씬 수월할 것이다.

### 1단계, 왜 떠나는지를 바로 알고 돈을 모은다

왜 여행을 떠나려 하는가? 나 자신을 스스로 바라보고 이유를 찾아라. 여행은 그냥, 예약해서 가면 되지 않냐고 생각하는 사람들도 있다. 물론 맞는 말이다. 그러나 여행은 인생과도 같다. 아무 계획 없이 여행을 떠날 수 있고, 어떻게 살지 고민하고 배우지 않아도 인생을 살아갈 수 있다. 심지어 마음 내키는 대로 사는 사람이 더 행복해 보이기도 한다. 그런데 만약 이번 생이 끝이 아니고 다음 생의 기회가 주어진다면 그리고 이번 삶에서 배운 것을 활용하거나 기억할 수 있다면 어떨까? 다음 생이 있는지는 잘 모르겠지만, 여행은 일상으로 돌아와 삶을 이어가야 한다. 그것이 여행과 인생의 다른 점이다. 단지 즐겁게 잘 쉬고 와도 그것으로 만족할 수 있다. 그러나 내가 왜 쉬고 싶은지, 무엇으로부터 떠나고 싶은지를 알고 가는 여행은 분명 다를 것이다. 만족을 넘어 다른 무엇을 보게 될 수 있을 것이다.

그리고 이러한 생각을 하고 여행을 준비한 사람은 여행 중에 겪게 될 많은 선택에서 분명한 기준으로 명확한 선택을 할 수 있게 된다. 그리고 그다음 여행에서 더 만족스러운 여행을 할 수 있을 것이다. 그러니 자신을 돌아보고 '왜? 무엇 때문에 여행을 가고 싶은지?' 또는 '무엇으로부터 떠나고 싶은지'를 찬찬히 바라보는 시간을 갖자. 어디를 갈지, 누구랑 갈지는 그다음에 결정해야 할 문제다. 내가 왜 여행이 가고 싶은지를 정했다면 여행을 가야겠다는 생각이 굳어졌을 것이다. 이때 생각이 현실로 구현되게 할 장치를 마련하는 것이 필요하다. 결심은 시간이 지나면 생각이 되고 생각은 잊히기 때문이다. 결심을 실행으로 옮기는 좋은 장치는 대가를 지불하는 것이다. 즉 돈을 내는 것이다. 이는 중도에 포기하지 않고 꾸준하게 공부하기 위해서 학원비를 선납하는 것과 같다. 가급적이면 해지하기 곤란한 적금과 같은 방법을 선택하라. 그리고 만약 일행이 있다면 함께하면 더욱 좋다.

## 2단계, 누구와 어디를, 언제 갈지 정하라

왜 여행을 가는지가 분명해졌다면 누구와는 그다지 어렵지 않은 결정이 될 것이다. 나 자신을 돌아보거나 사색에 잠기거나 혼자만의 시간을 통해 영혼까지 쉼을 얻고자 한다면 혼자 갈 것이다. 외로움이나 허전함을 달래고 싶다면 즐거운 추억을 나눌 수 있는 동행을 찾을 것이다. 마음을 정했다면 함께 가고 싶은 사람에게 동의를 얻어야 한다. 이때 제일 중요한 것은 진정성이다. 솔직한 마음을 상대방이 이해할 수 있도록 전달해야 한다. 왜 내가 그대와 함께 여행하고 싶어 하는지를 알려주어야 한다. 특히 가족 여행이나 부부 동반 여행을 생각한다면 잘 준비해야 한다. 당연히 좋아하겠지 하며 방심하면 안 된다. 그건 혼자만의 생각일 수 있다. 괜히 상처받지 말고 정석대로, 더욱 성실하게 진정성으로 준비하라.

그다음 여행지를 정하라. 누구와 가느냐를 감안해서 결정해야 한다. 그리고 함께 갈 사람과 상의하여 결정하는 것이 중요하다. 여행 한번 가는데 그냥 가면 되지, 이렇게까지 복잡하게 준비할 필요가 있냐고 생각하는 사람들도 있을 것이다. 가끔 이런 생각이 든다. 여행 한번 잘 갔다 오면 배우는 것이 정말 많구나. 물론 아무 생각 없이 그냥 휙 하고 다녀와도 좋은 것이 여행이다. 그러나 하나하나 의미를 갖고 성실히 준비해보자. 그러면 여행은 앞으로 살아갈 인생에 필요한 것을 미리 경험하여 잘 대처할 수 있게 해줄 것이다. 특히 가족과 함께하는 여행은 평상시에 소홀하거나 챙기지 못함으로 인한 서운함과 오해를 풀 수 있는 좋은 기회가 된다. 매일 아침 치열한 각자의 삶을 위해 서로에게 소원했던 가족들이 사랑의 울타리로 돌아와 기쁨의

샘물을 함께 마시는 웃음꽃 피는 행복한 가정으로 가는 여행을 만들어보자. 이때 가장 중요한 것은 듣는 것이다. 가족들의 말을 통해 마음의 소리를 들어야 한다. 잊지 말아야 할 것은 마음을 열고 경청해야 한다는 것이다. 가고 싶은 곳을 이미 정해놓고 듣는 척하면서 몰아가려 하면 안 된다. 서로가 원하는 곳을 충분히 말할 수 있어야 하고, 모두가 기꺼이 합의하는 지역을 찾아야 한다. 설령 합의에 실패해서 이번엔 못 가고 다음에 가기로 하더라도 서로를 존중함이 우선되어야 한다. 그것이 가족 여행의 목적이기 때문이다. 혼자 갈 때도 마찬가지다. 마음의 소리에 귀를 기울이자. 장소를 정할 때 가장 중요한 것은 열린 마음으로 듣는 것에 집중하는 것이다.

이제 언제 떠날지를 결정하라. 어디를 갈지와 언제 갈지는 서로 영향을 주고받는 관계다. 날짜 선택의 폭이 좁다면 언제 갈지가 어디로 갈지에 영향을 줄 것이다. 그렇지 않다면 여행지의 날씨 등을 고려해서 여행 시기를 정하는 것이 좋다. 아마 혼자 떠나는 여행이라면 장소가 우선하고, 일행과 함께하는 여행이라면 출발일이 먼저가 될 것이다.

### 3단계, 어떻게, 어떤 여행을 할지 정하라

여행을 가는 이유를 살펴서 알고 함께할 일행과 장소와 시기를 정했다면 여행을 떠나기 위한 중요한 준비는 거의 다 한 것이다. 이제 준비된 여행에 적합한 형태를 정하는 일만 하면 된다. 아래와 같이 각자의 취향과 상황에 맞는 형태를 정해서 그에 따른 후속 조치를 하면 된다. 그럼 각 형태의 특성을 알아보자.

### 자유 여행

말 그대로 자유 여행이다. 즉 내 맘대로 하는 여행이다. 이 말은 여행자가 스스로 모든 것을 결정하고 준비하고 책임져야 한다는 말이기도 하다. 그래서 일상이 바빠서 시간적인 여유가 없는 사람들은 혼자 준비하기 힘들다. 조력자가 있거나 친구들이나 모임에서 책임지고 준비하는 사람이 있는 경우가 좋다. 그리고 보살핌이 필요한 일행이 있는 경우에는 어려움이 있다. 즉, 효도 관광이나 어린이가 있는 가족 여행은 상대적으로 힘든 여행이 될 수 있다. 혼자 떠나는 여행객에게 가장 적합하다. 일행이 있다면 의사결정 과정이 복잡하지 않은 관계인 경우가 좋다. 그리고 자유 여행이 저렴하다는 생각은 대부분 옳지 않다. 같은 조건이라면 패키지보다 저렴하기 어렵다.

### 반자유 여행

패키지와 자유 여행의 혼합 형태다. 패키지와 자유 여행의 장점을 살려서 운영하면 편하고 즐거운 여행을 만들 수 있다. 대부분은 좋은 결과를 만든다. 그러나 운영을 잘 못하면 두 가지 타입의 나쁜 점이 부각되는 여행이 될 수도 있다.

### 패키지여행

여행사에서 만들고 모객해서 책임지고 진행하는 여행에 내가 합류하는 것이다. 만들어진 여행 상품 중에서 고르고 선택하는 것만이 여행자가 할 일이다. 그리고 돈을 지불하고 시키는 대로 하면 된다. 편하다. 안전이 보장되고 책임을 져준다. 아무 생각 없이 그냥 누리고 즐기면 된다. 그러나 제한된 범위 안에서만 누려야 한다. 그래서 하고 싶은 것을 못할 수도 있다. 효도 관광이 대표적이다. 열 명 이상의 모임 등 의사결정이 복잡하거나 안전과 책임에 민감한 경우에 적합하다.

휴양지 여행

휴식이 최고의 목적인 경우에 적합하다. 일터와 집을 떠나서 '쉬고 싶다'라는 가치 충족에 특화된 여행이라고 볼 수 있다. 일에 지친 사람이 준비나 복잡한 과정 없이 가고 싶을 때 혹은 육아와 가사 노동에 지친 부부가 어린이들을 데리고 떠나는 여행에 적합하다. 효도 관광으로는 피하는 것이 좋다.

## 4단계, 주변에 알리고 준비와 점검 시작!

4단계에서는 주변에 알리고 휴가를 내는 등 필요한 조치를 하면 된다. 이는 문을 닫고 잠금장치를 하는 것과 같다. 가급적 빨리 하는 것이 좋다. 눈치 보면서 우물쭈물하다가 부서의 다른 사람이 내 여행 기간과 겹치는 휴가를 먼저 낸다면 난감한 상황이 된다. 기회는 뒷머리가 없다. 앞선 자가 잡는다.

이렇게 필요한 조치들을 취하고 나면 이제는 3단계에서 내린 결정에 따라 준비하면 된다. 자유 여행이라면 이 책의 '여행 플래너처럼 자유 여행 일정 짜는 열 가지 방법'을 참고해보자. 반자유 여행이라면 3장을 참고해 나에게 맞는 상품을 찾아서 예약하자. 적당한 것이 없다면 자유 여행을 준비하고 현지의 원데이 투어를 예약해서 갖춰진 일정을 만들면 된다. 패키지여행이라면 4장을 참조해서 좋은 상품을 선택하여 예약한다. 이때 먼저 예약한 사람들, 즉 일행의 구성을 확인하자. 그러기 위해서는 너무 일찍 하는 것은 좋지 않다. 휴양지 여행은 빠른 예약이 유리하다. 항공과 숙소를 비교 검색하여 예약한다.

그리고 모든 형태의 여행에서 공통되게 필요한 것은 출발을 위한 점검이다. 특히 건강과 관련된 사항은 지나치다는 생각이 들도록 점검하고 준비하자. 치과에 가서 스케일링도 하고, 평상시 피곤할 때마다 안 좋은 신호를 보낸 신체 부위가 있다면 관련된 검사를 받아보자. 그리고 새 신발을 신을 생각이라면 출발 전에 사서 신고 다니다가 가라. 끝으로 SNS를 위한 준비까지 할 수 있다면 더욱 좋다. 어떤 날이든 하루의 일상을 사진과 글로 SNS에 올려보자. 또 '나 이런 여행을 갈 거야'라며 여행 계획을 소개하는 글을 올려보자. 현지에서 '나 여기 왔다' 하는 자랑 사진을 올리는 것이 훨씬 자연스럽게 된다.


### 여행을 위한 리셋, 다시 0단계로

출발 당일 아침에 집을 나와 현관문을 닫을 때 일상의 걱정을 모두 집에 두고 나오자. 그럴 수 있도록 잘 준비했기를 바란다. 이제 집과 직장을 떠남과 함께 나를 얽어맨 모든 것에서 벗어나 본연의 나를 만나러 홀가분한 출발을 하자.

# 여행 플래너처럼
# 일정 짜는 열 가지 방법

### 이젠 막막하기만 했던 자유 여행에서 벗어나자

아무런 구속 없이 홀가분하게 떠날 수 있는 자유 여행을 누구나 한 번쯤은 꿈꿔볼 것이다. 그러나 막상 가야지 하고 마음먹으면 "잘할 수 있을까?" 하는 부담이 따라오는 게 자유 여행이다. 특히 어디를 어떻게 가야 좋을지 등의 일정짜기와 준비가 고민될 것이다. 여행 플래너처럼 일정을 짜는 열 가지 방법을 소개한다. 어디서부터 시작해야 할지 막막하다면 다음과 같이 준비해보자.

### 가고 싶은 도시와 시기를 정하자

우선은 어느 지역으로 왜 가려고 하는가를 명확히 하자. 가고 싶은 곳을 구체적으로 확정하기 위해서는 몇 가지 단계를 거치면서 본인의 생각 또는 일행의 생각과 의견을 함께 정리해야 한다. 먼저 대륙을 정해야 한다. 그러기 위해서는 여행 시기와 날씨, 여행 기간과 경비 그리고 가장 중요한 나와 일행의 취향을 고려한 결정이 있어야 한다. 이 단계에서 중요한 것은 구체적인 목적지가 아닌 대략 어느 지역을 왜 가려고 하는지를 정하는 정도에서 결정이 되어야 한다는 것이다. 즉 '동유럽을 가겠다', '남미를 가겠다' 정도여야 한다. 만일 동유럽의 체코와 오스트리아, 헝가리, 폴란드 등 이렇게 구체적으로 결정하는 것은 다음 단계에 하는 것이 좋다. 만일 그렇지 않으면 꼬리를 물고 이어지는 의문과 정보의 부족에 난감해지며 오히려 결정이 어려워진다.

이렇게 지역을 정한 다음에는 가고 싶은 도시나 국가를 무작위로 적어보자. 일단 동선이나 효율 등은 고려하지 않은 상태로 단지 나와 일행이 가고 싶은 곳이나 나라를 적어보자. 단, 가고 싶은 곳들을 분류하여 적자. 분류는 세 단계다. 꼭 가고 싶은 곳, 가능하다면 가고 싶은 곳, 갈 수 있으면 좋은 곳. 일행과 함께 적어본 뒤, 함께 비교해가면서 조정하여 정리해보자.

정리한 리스트에서 총 기간 안에 실제로 여행 가능한 나라나 지역을 선택하자. 이때 꼭 가야 하는 곳을 우선으로 먼저 정하고 여유가 있다면 가능하다면 가고 싶은 곳을 추가하는 방식으로 결정하자. 그렇게 지도를 보면서 동선을 따라 방문 지역을 연결하다 보면 보너스처럼 추가로 갈 수 있는 곳도 보일 것이다. 그러다 보면 1차 선택이 되지 못한 아쉬운 지역들이 행운의 지역으로 바뀔 수 있다. 이것이 바로 가고 싶은 곳을 무작위로 적어둔 처음 리스트를 활용하는 지혜로운 방법이다.

이제 동유럽으로 가족 여행을 간다고 상상하면서 이야기해보자. 예를 들어 가족이 다 함께 각자 꼭 가고 싶은 곳을 모아서 정리해본 결과 꼭 가고 싶은 곳으로 체코의 체스키크룸로프, 오스트리아의 잘츠부르크와 할슈타트, 독일의 퓌센(Fussen)이 결정됐다. 조금 특이하게도 주로 작은 마을이 목적지가 됐다. 그리고 2순위인 가능하면 가고 싶은 곳으로는 동선상 갈 수밖에 없는 곳들이 추가되었다. 즉 항공편이 있는 하늘길의 관문 도시 프라하와 빈 또는 프랑크푸르트(Frankfurt)가 이에 해당한다. 프라하는 동선상 갈 수밖에 없는 곳으로 바로 확정됐고 빈과 프랑크푸르트를 놓고 고민하다가 항공편이 많아서 편리한 프랑크푸르트로 결정했다.

꼭 가고 싶었던 퓌센의 노이슈반슈타인(Neuschwanstein)성은 가는 길이 외길이라 시간 절약을 이유로 포기했다. 그리고 결정적으로 독일의 초고속 열차인 이체에가 운행하는 뮌헨에서 프랑크푸르트 구간을 아이들에게 경험하게 하고 싶었다. 그래서 가능하면 가고 싶었던 프라하, 뮌헨, 빈, 프랑크푸르트에서 고민과 상의 끝에 프라하, 뮌헨, 프랑크푸르트가 결정되었다. 그리고 가게 되면 좋은 곳으로는 부다페스트(Budapest), 하이델베르크, 뉘른베르크(Nuremberg)가 후보에 올랐다. 결국 최종 결정된 여행 장소를 이동 순서별로 정리하면 다음과 같다.

- 동유럽 가족 여행 최종 루트
  프라하 → 체스키크룸로프 → 잘츠부르크 → 할슈타트 → 빈 → 뮌헨 → (하이델베르크 → 뉘른베르크) → 프랑크푸르트

언제 갈지 시기를 정하는 방법도 가족과 함께 가는 동유럽 여행으로 예를 들어 알아보자. 자, 가족 여행이니 누구와 갈지는 정해졌다. 다음 단계로 언제 갈지를 정해야 한다. 아이들 방학 기간에 갈 것인지

아니면 연휴 앞뒤로 휴가를 내고 아이들은 체험학습을 신청해서 갈 것인지 고민해본 결과, 방학은 여행 경비가 비싸지는 시기임을 고려해 연휴 때 연차를 내서 가기로 정했다. 그렇게 달력을 보니 우선 명절인 추석과 설 연휴가 눈에 들어온다. 연휴에 갈 수 있다면 휴가를 짧게 쓰면서 여유 있는 일정으로 다녀올 수 있다. 그러나 차례를 지내는 집안이라면 넘어야 할 산이 높다. 기독교 집안이라 차례를 안 지낸다고 해도 역시나 마음의 부담이 생긴다. 그러나 나는 평생에 한 번쯤은 명절에 가족 여행을 가볼 것을 추천한다. 엄마라는 역할은 집안의 며느리로서 수십 년을 봉사하는 삶이기도 하다. 명예퇴직도 없고, 연차, 월차도 없다. 평생에 최소한 한 번의 휴가는 있어야 하지 않을까?

다시 여행 준비로 돌아와 달력을 보니 5월 초가 좋을 것 같다. 1일은 노동절이고 5일은 어린이날이다. 계절도 좋고 자녀의 시험 기간도 피해간다. 이보다 좋을 수 없다. 아빠만 휴가를 낼 수 있다면 말이다. 만일 안 된다면 명절에 가는 것을 검토해야 하니 최선을 다해야 한다. 5월이라면 북유럽을 빼고는 어디라도 좋은 계절이다. 이렇게 연휴의 조합이 좋은 해가 자주 오지 않을 테니 겨울에 가기 힘든 동유럽으로 결정하는 것도 좋다. 여기엔 유럽의 다른 지역에 비해 상대적으로 물가가 싸다는 점도 고려한 것이다. 이렇게 여행 기간은 연휴에 휴가를 더해 총 10일로 정했다. 기간이 정해지면 항공편은 일찍 예약하면 좋다. 그래야 아빠 휴가 신청에 힘을 실어줄 수 있기 때문이다.

## 각 방문 지역의 체류 시간을 정하자

체류시간을 정하고 동선을 정리해 전체 일정을 결정하는 단계다.

체류시간을 정하려면 방문 장소마다 할 만한 것이 무엇이 있는지, 볼 거리가 얼마나 있는지가 알고 싶어질 것이다. 그래서 어느 정도 자료도 찾아보고 나름의 공부를 하게 될 것이다. 그러나 구체적으로 이동 거리가 얼마나 걸리는지, 둘러보는 데 몇 시간이 걸리는지 등 여러 정보를 찾다 보면 첫 방문지 일정을 정하다 지쳐 '그냥 유명 블로그에 나와 있는 일정을 따라 하지 뭐 다 비슷하지 않겠어?'라는 결론을 내리고 싶다는 오류에 빠질 수 있으니 주의하자.

부족한 지식과 대충의 감으로 체류시간을 정하고 동선을 고려한 대략의 일정을 정하는 것이 요령이다. 아마도 꼭 가야 할 곳으로 구분된 곳은 1박 이상 숙박하게 될 것이며, 2, 3순위 지역은 이동 중에 자연스럽게 들르는 일정으로 잡게 될 것이다. 체류시간을 정하는 것에는 중요한 하나의 원칙이 있다. 바로 가능하면 숙소를 옮기는 것은 최소한으로 줄이는 것이다. 쓸데없이 낭비되는 시간이 생길 뿐 아니라 지치기 때문이다. 지치면 즐길 수 없다.

### 하고 싶은 것, 보고 싶은 것을 정하자

지역을 정할 때처럼 먼저 동선과 소요 시간을 고려하지 않은 상태에서 하고 싶은 것과 보고 싶은 것을 '꼭 하고 싶은 것', '가능하다면 하고 싶은 것', '혹시라도 하면 좋은 것'으로 구분해 리스트를 만든다. 그다음 위치와 소요 시간을 배려하여 체류시간 동안 소화할 수 있는 두 번째 리스트를 정하자. 이때 우선순위를 정해서 선별하고, 동선상 자연스럽게 방문 가능한 곳을 끼워넣기 해주면 되겠다.

여기서 주의할 것은 시간의 여유를 20% 이상 두어야 한다는 것이다. 그 이유는 초행길이니 계획대로 되지 않는 것도 있지만, 현장에서 계획에 없던 일정이나 하고 싶은 것들이 생기기 때문이다. 이 충고를 무시하면 여행 중 뼈 때리는 교훈의 시간을 경험할 수 있음을 보장한 다. 가족들 또는 친구나 지인과 함께 여행을 가게 되면 각자가 원하는 여행 스타일이 다를 것이다. 그리고 합의가 쉽지 않으리라 예상된다.

쇼핑이냐, 먹방이냐, 여유 있는 일정이냐, 본전 뽑는 일정이냐 등 여러 의견이 첨예하게 대립할 것이다. 그렇기에 출발 전에 꼭 어느 정 도 각자가 꼭 하고 싶거나, 보고 싶었던 것을 결정하고 가야 한다. 다 행히 동유럽의 쇼핑 지역은 관광지 가까운 곳에 있다. 그리고 맛집도 마찬가지다. 일정은 일단 여유 있는 일정으로 하고 현지에서 상황에 따라 추가하자.

### 방문 지역의 체류시간에 따라 일정을 확정하자

이제 본격적인 공부를 해야 한다. 그리고 여러 가지를 고려한 최종 결정을 하는 단계다. 복잡하고 다양한 니즈를 최대한 단순화하여 일 정이라는 큰 그림을 완성하는 것이다. 그러나 너무 완벽하게 만들려 고 노력하는 것은 좋지 않다. 이것도 하고 싶고 저렇게도 하고 싶은 것들을 정리하거나 포기하기 어렵다면 플랜 B, 플랜 C를 만들어도 좋 다. 현장에 가서 결정해도 될 일이다. 나를 위한 여행을 준비하는 것 이지 임무를 수행하는 계획을 짜는 것이 아니기 때문이다.

애당초 잘 알지도 못하고 가본 적도 없는 곳에서 무엇을 하며 어떻 게 즐길까를 계획하는 것인데 완벽하게 준비한다는 것 자체가 말이 안 되는 것이다. 그렇다면 어차피 완벽하게 준비되지 못할 일정을 만드는 것은 무슨 의미가 있는 걸까? 그것은 바로 나와 우리의 바람과 진심을 찬찬히 자세히 들여다보기 위함이다. 이런 준비를 하는 경험이 여행을 더 즐겁게 해준다. 그리고 나를 위한 결정을 할 수 있는 내공을 쌓아줄 것이다.

만약 동행이 있다면 각자 하나씩 맡아서 일정을 잡아보는 것도 좋은 방법이다. 이것저것 알아볼 것이 많아서 시간이 많이 소비되는 단계이니 협업하자. 각자 가고 싶다고 추천한 도시의 상세 일정을 짜는 식으로 해보자. 그리고 완성된 일정을 모두에게 설명하고 각자의 의견을 반영하여 일정을 수정하고 보완하여 최종 일정을 만들자. 괜찮은 방법이다.

## 항공과 숙소를 예약하자

이제부터는 예약이라고 하는 실제 준비에 들어가자. 사실 가능하다면 항공 예약은 지역과 시기를 정했을 때 하는 것이 여러 가지로 좋다. 일행과 의견 차이를 좁히는 데도 도움도 되고, 보다 유리한 조건으로 항공권을 구매할 가능성이 높기 때문이다. 그럼에도 다섯 번째로 숙소 예약과 함께 항공을 예약할 것을 추천하는 이유는 일정이 확정 된 후에 하는 것이 변수가 적기 때문이다. 먼저 하거나 나중에 하거나 일행들과 상의하여 편리하게 결정하면 된다. 항공 예약의 첫 번째 결정은 직항이냐 경유냐를 결정하는 것이다. 이것은 여행 기간이 여유가 있는 일정인지 아닌지에 따라 달라질 것이다. 비싸더라도 빨리 가는 직항을 이용할 것인지 아니면 상대적으로 저렴한 경유를 이용할 것인지, 만약 경유해서 간다면 일정 소화에 큰 무리가 없는지 등을 살펴서 결정해야 한다. 그 외에 항공편에 따라 하루 이틀 출발일을 조정한다든지 경유지를 선택하는 등의 결정들은 경비를 우선으로 고려해서 결정하게 되는 사항들이다.

숙소 예약은 보다 섬세하게 살필 필요가 있다. 역시 가장 중요한 원칙은 위치다. 그리고 숙소를 알아볼 때 어느 정도 일상에서 살아갈 집을 알아보는 것과 비슷하게 알아보자. 누가 결정하든 우선은 접근성, 교통 등 여행에 편리한 조건을 고려해야 한다. 비용이 저렴하다고 외곽 지역의 숙소를 예약하려 한다면 시간이라는 비용이 소비됨을 감안해야 한다. 더불어 체력 소모 등 치러야 할 대가를 꼼꼼히 따져봐야 할 것이다. 그러나 때때로 방문지의 특성과 방문 목적에 따라 좋은 위치가 도심이 아닌 외곽이 되는 경우도 있다.

예를 들면 스위스 지역을 여행할 때 하루쯤은 인터라켄 시내가 아닌 툰 호수가 한눈에 내려다보이는 호텔을 이용하거나 크라이네샤이덱에서 융프라우산의 일출과 일몰을 경험해보는 것도 좋은 선택이 될 것이다. 호텔의 경우 다양한 예약 대행 업체가 많으니 정보를 얻는 데 어려움은 없을 것이다. 세금 봉사료 포함 요금인지 조식 포함 요금인지 그리고 언제까지 무료 취소를 할 수 있는지 등에 주의하여 예약하자. 그리고 여행의 깊이를 풍성하게 느끼고 싶다면 가끔은 현지인 민박이나 산장 같은 숙소도 경험해볼 것을 추천한다.

숙소 예약을 하다 보면 가끔 일정을 수정해야 하는 경우가 발생하는데 어쩔 수 없는 경우와 '이게 더 좋겠네' 하는 생각으로 인해서 일정을 변경하고 싶은 경우가 생길 수 있다. 자연스러운 일이니 기분 좋게 받아들이고 마음이 끌리는 결정을 하면 된다. 다시 한번 기억할 것은 우리는 나를 위한 즐거운 여행을 준비하는 중이라는 사실이다. 준비 과정에 짜증이 나야 할 이유는 어디에도 없다.

## 다음 목적지로 이동하는 교통편을 확보하자

숙소를 예약했다면 큰 틀의 일정은 확정된 것이다. 이제는 어떻게 이동할 것이며 몇 시에 출발할 것인가를 결정해야 한다. 그러기 위해서는 체류 장소에서의 일정이 세심하게 확인되어야 할 것이다. 즉 상세 일정이 확정되어야 한다. 기억해야 할 것은 상세 일정 결정에서 20% 이상의 여유 시간, 즉 결정되지 않은 시간을 두어야 한다는 것이다. 그렇게 해야 시간에 쫓기는 일정으로 여행의 느낌을 잃는 일을 방지할 수 있으며 의외의 경험을 즐길 수 있는 일정이 될 수 있기 때문이다. 교통편과 이동 경로 선택 시 가성비도 중요하지만 다양한 경험과 취향을 우선하는 결정을 하기를 바란다. 즉 돌아가더라도 멋진 경치를 볼 수 있는 구간을 선택한다거나 기다리는 시간이 생기더라도 색다른 열차를 타보는 경험을 놓치지 않도록 하자.

## 원 데이 투어, 가이드 등 현지 투어를 예약하자

이번 단계는 꼭 필요한 것은 아니다. 해도 좋고 안 해도 되는 각자의 취향과 여건에 따라 결정할 문제다. 인터넷에 검색하면 와르르 쏟아지는 정보를 쉽게 접할 수 있으니 예약에 어려움이 없다. 단지 알아두면 좋은 것은 사람에 따라 만족도가 많이 달라진다는 것이다. 후기도 살펴보고 가격 비교를 확인해보자.

## 음악회, 공연, 디너쇼 등 현지 행사를 예약하자

이번 예약은 좀 더 세심하게 살펴보아야 한다. 여행자들을 위한 관광이 아닌 그 도시의 일상과 문화에 맞춰 진행되는 행사들이기 때문이다. 예를 들어 프라하에서의 음악회, 체코에서의 뮤지컬 등 그 나라의 문화를 더 잘 체험해볼 수 있을 것이다. 좀 더 주의 깊게 시간과 장소를 확인하고 후기 평가를 눈여겨 살펴보고 예약하자. 그리고 좌석이나 테이블 위치 등의 상세 조건도 중요하게 고려하자.

## 건강한 몸과 마음 그리고 물품 챙기기

앞서 말한 준비들은 편안한 여행을 위한 안전장치를 해놓는 일이라고 할 수 있다. 즉, 안 한다고 여행을 떠날 수 없게 되는 건 아닌 그런 것들이다. 그와는 다르게 이번 준비는 실제로 매우 중요한 일임에 비해 조금 소홀히 취급되는 경향이 있다. 준비에 어려움이 없다고 생각될 정도로 쉽게 느껴지기 때문인 듯하다. 그러나 조금 다르게 생각할 필요가 있다.

특히, 건강은 평상시보다 최소 120% 더 건강해지는 것을 목표로 최소한 한 달 전부터 관리해야 한다. 그 이유는 여행 중에는 일상생활에 비해 모든 방면에서 120% 이상 활동량이 증가한다. 이뿐만 아니라 시차 적응은 물론이고 새로운 문화와 낯선 환경에 대처하기 위해 끊임 없이 고민하고 판단하는 등 온종일 온몸의 체력과 정신을 집중해 열정적으로 하루를 보낸다. 그리고 결정적으로 평상시보다 잠도 덜 잘 것이기 때문이다. 아프면서 즐거울 수 없다는 것은 잘 알고 있을 것이다. 각자 나름의 건강 관리법을 총동원하여 꼭 체크하고 준비하기 바란다.

한 가지 경험을 통해 배운 것을 공유하자면 치과 치료를 받거나 최소한 스케일링을 받으면 좋다. 며칠 동안 피곤이 지속되면 잇몸이 붓거나 충치가 말썽을 피우는 경우가 종종 있으며 이 아픔은 참기 힘들뿐더러 먹는 즐거움도 포기당해야 하는 슬픈 상황을 겪게 된다. 여행중 치과 진료를 받는다는 것은 쉬운 일이 아니다. 알고 있겠지만 치과의료 수준은 대한민국이 거의 세계 톱이다. 그리고 당연히 잘 준비하겠지만, 상비약과 본인만의 약은 반드시 잘 챙겨야 한다. 해외여행 중에 병원이나 약국에서 필요한 진료를 받거나 약을 구매하는 것은 쉽지 않다. 치료를 받거나 약을 먹는다고 해도 우리와 식생과 체질이 다른 나라의 의료 서비스가 우리 몸에 잘 맞을지도 의문인 것은 극복하기 어려운 현실이기 때문이다.

그 외의 짐들은 최대한 안 가져가는 것을 목표로 하고 '꼭 필요해?'라고 다시 생각해보자. 가방을 꾸리는 요령으로는 짐을 꾸릴 때 종류별로 작은 팩에 분리해서 넣어두면 매일 가방을 열고 닫고 할 때마다 시간을 많이 절약할 수 있다. 속옷. 의료품, 전자제품, 보조용품, 화장품, 세면용품, 식품 등을 종류별로 작은 팩에 구분해서 짐을 꾸리자.

## 여권 지갑 잘 챙겨서 준비 완료 후 출발하자

여행을 떠나기 위해 꼭 필요한 것이다. 다른 나라에서 신뢰받는 사람이 되기 위해 대한민국에서 나를 증명해주는 여권, 현금 또는 해외에서 결제 가능한 글로벌 카드 그리고 가장 중요한 나 자신을 위한 여행을 할 수 있다는 본인과 일행에 대한 믿음과 배려도 꼭 챙겨가길 바란다. 여행은 집 문을 열고 나가는 순간 시작된다. 공항에 일찍 가자. 항공 좌석을 보다 좋은 자리로 얻을 수도 있다. 그리고 우리나라 공항은 잘 꾸며져 있다. 둘러보다 보면 한 시간이 짧다. 현지에 도착하면 준비한 일정에 너무 집착하지 않도록 주의하자.

행복하기 위해 우리에게 맞는 일정을 만든 것이다. 즉 수단이다. 일정을 완수하려고 불편을 감수할 필요는 없다. 그리고 사람의 마음은 바뀐다. 그럼 뭐하러 어렵게 일정을 짜고 준비했냐고? 가장 큰 목적은 현지에 뭐가 있는지, 교통편은 어떤지, 물가는 어떤지 등 여행에 필요한 정보와 지식을 습득하고 함께하는 동행과 서로의 취향과 니즈를 알기 위해서였다. 그러니 이제는 그런 노력의 결과로 업그레이드된 능력을 행복하고 즐거운 여행을 위해 사용하면 된다. 마치 과업을 달성하려는 듯 일정 완수에 집착할 필요는 없다. 그리고 준비하는 동안 즐겁지 않았나?

# 똑똑한 구매로
# 경비까지 챙겨보자

### 똑똑하고 현명하게 돈 쓰는 방법

오랫동안 꿈꿔왔던 나를 위한 여행을 지혜롭게 준비하고 잘 즐기는 방법을 알아봤다. 그런데 이대로 끝내기에는 못내 아쉽다. 그래, 기왕이면 똑똑한 구매 방법도 알아보자. 자유 여행을 준비한다면 '항공권과 숙소를 어디서 어떻게 예약 구매하는 것이 좋을까?' 하는 생각이 들 것이다. 그리고 패키지여행을 가기로 했다면 '어느 여행사의 어떤 상품이 좋은 걸까?' 하는 의문이 들게 된다.

### 항공권 예약할 때 알아두면 좋은 팁

항공권을 저렴하게 구매하기 위해서는 항공권 판매의 기본 성격을 조금 알아두면 좋다. 항공권은 일반적으로 자주 접하는 버스나 기차표와는 다른 점이 있다. 가장 큰 차이점이 구매자의 신상정보가 제공되어야 완전한 구매가 이루어진다는 것이다. 기본적으로 이름, 생년월일, 성별을 제공해야 하며 국제선 항공권인 경우 여권번호와 만

기일도 입력해야 한다. 이것은 내가 구매한 항공권을 다른 사람이 사용할 수 없다는 특성과 맞물려 있다. 또 다른 특징으로는 이용 조건에 따른 가격차 등이 있다는 것이다. 환불, 변경, 타항공사 이용 등의 가능 여부에 따라 같은 노선이라도 가격이 다르게 판매된다. 이 조건의 가장 큰 원칙은 저렴한 티켓일수록 안 되는 것이 많다는 것이다. 그러니 중요한 일정이고 변경 가능성이 큰 경우에는 가급적 제값을 주고 사는 것이 좋다.

만약 저가 항공권을 구매한다면 조건을 꼼꼼히 따져봐야 한다. 자칫 소탐대실의 결과에 당황할 수 있다. 그 외에 가격과 관련된 특징으로 예약과 구매 시기에 따라 가격이 달라지며 같은 항공편이라도 좌석에 따라 판매 가격이 다양하게 나눠져 있다는 점이다. 자세한 설명은 생략하겠다. 복잡하기도 하고 꼭 알아야 할 이유도 없다. 여행객 입장에서는 "그래서 어떻게 하면 되는데요?"라고 말하고 싶은 것이다. 그럼 합리적인 항공권 구매를 위한 방법을 알아보자.

첫 번째로, 경유편을 이용할 수 있다면 좋은 가격을 선택할 기회가 많아진다. 여유가 있는 일정이라면 경유편을 이용해서 경비를 절약하자. 항공사에 따라 경유지에서 무료로 제공되는 숙박 서비스 등의 혜택을 누릴 수도 있다.

두 번째, 일정이 분명하고 확정적이라면 싼 티켓을 이용하기 용이하다. 저렴한 항공권일수록 이용 조건이 까다롭다. 취소 변경 불가는 기본이고 예약 후 바로 결제하는 등 이용 조건을 충족해야 저렴한 구매가 가능하다. 그러므로 일정히 분명할수록 저렴한 항공권의 조건을 충족할 수 있다. 출발일이 변경된다든지 일정 자체가 취소될 가능성이 있다면 저가 항공 구매는 신중해야 한다.

세 번째, 일찍 예매할수록 유리하다. 이는 모든 사람이 저렴한 항공권을 원하기 때문이다. 참고로 국제선 항공권은 출발일 300일 전부터 예매할 수 있다. 많은 사람이 언제나 여행을 떠날 수 있을 것으로 생각한다. 그러나 그것은 착각이다. 내 경험에 의하면 사람들이 5일 이상 여행을 떠날 수 있는 때는 대부분 1년에 한두 번이다. 그리고 그것은 1년 전에도 달력을 펼쳐놓고 생각해보면 금방 알 수 있는 날이다. 즉 생각보다 일찍 결정할 수 있다.

네 번째, 준비된 여행자는 행운이라는 기회를 잡을 수 있다. 땡처리라는 말을 한 번쯤 들어봤을 것이다. 항공권도 이러한 구매 기회가 간혹 있다. 보통 출발 며칠 전에 판매된다. 못 판 티켓이거나 취소 티켓이 시중에 나오는 경우다. 준비된 여행자라면 이러한 행운을 잡을 수 있다. 주로 혼자 가는 여행자가 이용하기 좋은 기회다. 그 외에도 많은 방법이 있으나 케바케로 일일이 설명하기가 어렵다는 핑계가 있기에 여기서는 이쯤 하겠다. 참고로 요즘 대세는 얼리버드와 인터넷 직구다.

### 숙소 예약할 때 알아두면 좋은 팁

숙소 예약 대행 사이트는 요즘 그야말로 넘쳐난다. 오히려 너무 많아서 헷갈릴 정도다. 그렇지만 생각을 정리하면 사실 별로 고민할 것도 없다. 방법은 이렇다. 우선 기억해야 할 것은 특정한 날짜에 내게 필요한 숙소는 하나라는 것이다. 아무리 좋은 숙소가 많아도 난 결국 그중에 하나를 선택해야 한다. 이것이 불변의 가치다. 이렇게 생각하다 보니 마치 결혼과 같다는 생각이 든다. 그리고 또 하나 알아야 할 것은 많은 예약 대행 사이트가 있지만 특정한 숙소는 하나라는 것이다. 즉 같은 숙소를 여러 사이트에서 판매하고 있다. 그리고 사이트 대부분이 대동소이하다. 에어비앤비나 부킹닷컴 외에는 대부분 호텔을 주로 취급한다. 그런데 왜 사이트별로 조건과 가격이 다를까? 그것은 각각 마케팅 전략이 다르기 때문이다. 특정 숙소를 최저가로 책정해서 홍보용으로 사용하기도 하고 숙소 대부분이 최저가로 판매하는 전략을 사용하는 곳도 있다. 최저가 숙소를 선택할 때는 각별히 주의해야 한다. 특히 취소 수수료 규정을 잘 살펴보아야 한다. 수수료가 수익원인 사이트도 있다. 자 그럼 여행자는 어떤 방법으로 대행사의 서비스를 이용하는 것이 좋은지 알아보자.

혹시 "내가 직접 호텔에 예약하면 제일 좋지 않나?"라고 생각하는 분들에게는 "대부분 그렇지 않습니다"라고 안내해드린다. 우선은 내가 원하는 숙소의 조건을 명확하게 정해야 한다. 이때 무엇보다 위치를 중요하게 생각해야 한다. 그리고 내 취향과 여행 목적에 부합하는 호텔 컨디션을 구체화한다. 대부분 침대 수량과 크기 그리고 욕실과 수영장 상태를 고려할 것이다. 물론 조식 포함 여부와 메뉴도 무시할 수 없다. 이렇게 원하는 것들을 구체화하면 어느 정도 정리된 이미지가 형성된다. 파리를 예로 들면 에펠탑과 샹젤리제 거리를 편하게 갈 수 있는 곳에 위치한 호텔이어야 한다. 그리고 침대 두 개에 샤워부스가 있는 숙소가 기본 조건이며 수영장이 있고 아침 식사가 아메리칸 스타일로 제공된다면 더욱 좋다.

우선 이런 조건의 숙소를 몇 개 고른다. 이때 어느 사이트에서 고르든 상관없다. 단 두세 개의 후보를 정한다. 그런 다음 여러 사이트에서 그 호텔명으로 검색하여 비교한다. 최종적으로 가장 저렴하고 환불 등의 조건이 좋은 사이트에서 예약하는 순서로 하는 것이 나에게 맞는 숙소를 합리적인 가격으로 예약하는 방법이 될 것이다.

## 패키지 상품 구매할 때 알아두면 좋은 팁

패키지 상품은 각 여행사별로 다양한 상품이 존재한다. 관련된 사항은 4장을 참고하기 바란다. 여기서는 유통 채널별 특성을 살펴보자. 같은 상품을 가장 저렴하게 판매하는 곳은 쿠팡이었다. 그야말로 초저가 판매 채널이다. 그러나 극소량만 유통된다. 그러다 보니 구매했다는 소문은 들었지만, 주위에서 본 적은 없다는 현상이 일반적이다. 이는 여행사에서 홍보용으로 위탁 판매하는 물량을 취급하기 때문이다. 주로 한밤중에 출시한다는 전설이 있다. 혼자 또는 둘이 여행하는 부지런한 여행객이라면 도전해볼 만하다.

요즘 많이 접하는 곳은 홈쇼핑이다. 홈쇼핑은 싸다. 그리고 명시된 조건대로 한다. 그리고 딱 그대로다. 변경이나 추가 등이 어렵다. 특히 취소 조건을 허투루 보면 안 된다. 직장인이라면 주의해야 한다. 실제로 아는 분 중에 가족 여행을 예약했다가 회사에 일이 생겨서 취소하게 되었는데 취소 수수료를 1인당 80만 원씩 지급한 사례도 있다. 여기서 예약은 예약금을 지급한 상태를 말한다. 그리고 출발일별로 요금이 다른 경우가 많다. 일단 최저가로 홍보하고 상담으로 당겨보겠다는 전략이다. 여행 초보자 또는 처음 가는 가족 여행 등에서 경제적 부담을 덜고 싶은 여행객이라면 이용할 만하다. 결론적으로 패키지 상품은 구매하기 전에 블로그와 여행사 후기를 살펴보고 정하는 것이 좋다. 그리고 '홈쇼핑 상품과 비교해서 원하는 상품과 큰 차이가 없다면 홈쇼핑 상품이 나쁘지 않다' 정도로 말할 수 있겠다.

# 나는 왜 여행이 필요한가?

나는 책을 쓰면서 "여행은 왜 가고 싶은가?" 하는 의문을 가지고 시작했다. 그런데 패키지여행은 사실 여행이라고 하기보다는 관광이라고 부르는 것이 맞는 것 같다. 떠남의 즐거움도 있지만 편안함과 쉼을 즐기고 배려받고 존중받고 싶은 마음이 강하다는 것이 패키지여행객들을 관광객이라고 부르는 이유가 아닐까? 그래서 나는 모든 관광객이 배려와 존중을 누리는 여행을 해야 한다고 생각한다.

그리고 여행객들에게는 또 다른 즐거움이 있는데 바로 자랑이다. 여행을 마치고 주위 사람들에게 작은 선물을 나눠주면서 과장을 덧붙인 장황한 자랑을 하는 뿌듯함. 그때 느껴지는 부러움의 시선은 여행객들이 놓칠 수 없는 즐거움이다. 이 책이 나만의 특별한 자랑거리를 만드는 여행을 하는 데 도움이 되기를 바란다.

건강을 잘 지켜서 전 세계 곳곳을 여행 다니고 그 경험과 힐링으로 얻은 에너지로 세상에 자신을 당당하게 드러내며 멋진 삶을 살기 바란다. 여행은 목적별로 행선지가 달라지며 같은 곳이라도 누구와 가느냐에 따라 다른 여행이 된다. 그러나 모든 여행은 여행객에게 선물을 준다. 출발하기 전과 다녀와서의 모습엔 분명 다름이 묻어 있을 것이다. 여기서 다루지 못한 다양한 여행들 중 나에게 필요한 여행을 찾아 떠나보라. 성지 순례, 오지 체험, 트레킹, 사파리, 골프, 낚시 등등 여행을 통해 얻을 수 있는 삶이 주는 선물을 즐기며 살길 바란다.

끝으로 사랑하는 우리 가족들, 나의 두 딸에게 감사하다고 말하고 싶다. 나는 여행을 떠나는 것에 준비가 많이 필요한 소심한 사람이지만 그럼에도 나의 여행 경험과 이 책이 독자들 또는 앞으로 여러 나라를 다닐 여행자들에게 도움이 되었음 한다. 그리고 부족한 사람에게 귀한 기회를 주신 하나님께 감사드린다.

**북큐레이션** • 일상에서 벗어나 새로움을 느끼고 싶은 당신을 위한 라온북의 책

《혼자도 함께도 패키지도 다 좋아》과 함께 읽으면 좋은 책. 진정한 나다움을 발견하고 가치 있는 인생 2막 준비를 시작하는 당신을 응원합니다.

**은퇴, 여행하기 딱 좋은 기회**

# 철부지 시니어 729일간 내 맘대로 지구 한 바퀴

안정훈 지음 | 17,000원

**"아들아, 절대 실패하지 않는 계획이 뭔지 아니? 무계획이야."**
**무대책 낭만주의자의 729일 무규칙 여행!**

평범하고 성실하게 일생을 살아온 시니어들이여. 이제는 일상을 벗어나 떠나라! 치매 걸리기 전에, 다리 떨리기 전에 떠나자! 한 손에는 여권, 한 손에는 배낭 하나 매고 비행기 표를 끊어 무작정 떠나는 것이다. 체력, 외국어, 앱 사용법, 경험, 옷가지, 밑반찬 걱정일랑 던져버려라. 체력이 안 되면 놀다 쉬다 이웃 동네 마실 가듯 살방살방 다니면 된다. 외국어 때문에 고생한 사람은 있어도 여행을 포기한 사람은 못 봤다. 무대책, 무계획으로 똘똘 뭉친 '스펙터클 미친 여행'을 지금 떠나보자!

**시니어 맞춤 여행 계획 세우기**

# 트래블 그레이

한경표 지음 | 17,000원

**나이 들면 패키지여행만 가야 한다고?**
**시니어도 자유 여행을 즐길 수 있다!**

예순이 넘은 나이에도 거침없이 자유 여행을 떠나는 시니어 여행 전문가 한경표 저자가 아시아부터 미 대륙, 유럽까지 자신의 계획대로 행복하게 즐겼던 자유 여행의 이야기를 한 권에 담았다. 또한 시니어에게 초점을 맞춰 이들이 여행하는 데 꼭 필요한 준비 방법을 함께 실었다. 이 책과 함께 비행기에 몸을 실어 아름다운 유럽 해안가를 드라이브하고 말로 표현할 수 없는 자연의 진면목을 깊숙이 느껴보길 바란다. 자유 여행이 더 이상 어렵게 느껴지지 않게 될 것이다.

**유쾌한 노부부의 여행 이야기**

# 완벽하지는 않지만 괜찮은 여행

홍일곤, 강영수 지음 | 13,800원

**나이 드는 것이 즐겁다!**
**인생 2막, 죽을 때까지 재미있게 여행하며 사는 법**

나이 들어서도 여행을 하며 즐겁게 사는 법을 알려주는 노부부의 여행 에세이다. 젊은이들이 꿈꾸는 삶을 살고 있는 홍일곤, 강영수 부부는 돈이 많아서 혹은 자식이 보내주는 돈으로 여행하는 것이 아니라, 70대의 나이에도 호텔을 직접 찾아 예약하고, 현지에서 시장을 가 식재료를 구하고 요리를 해 여행 경비를 절약해 세계 곳곳을 여행했다. 이들의 여행 이야기는 즐겁게 살기 위해 여행을 결심했으나 무엇부터 해야 할지 모르는 이들에게 여행 가이드북, 나아가 인생 가이드북이 되어줄 것이다.

**상실에서 희망으로 교차하는 33가지 이야기**

# 오늘이 여행입니다

유지안 지음 | 15,000원

**"인류 지성의 별들을 만나다"**
**나를 일으켜 세워준 예술가들의 숨결과 하나 된 여정**

2017년 10월, 예순의 나이에 인도를 시작으로 900일간의 세계 배낭여행을 하고 돌아왔다. 영원한 이별로 인한 상실감, 몸에 찾아온 아픔을 잊기 위해 떠난 여행은 2년이 넘는 시간 동안 수 세기 전부터 현대에 이르기까지 많은 이들에게 사랑받은 예술가들에게로 이끌었다. 그렇게 터키, 영국, 프랑스, 러시아 등 31개 나라와 160개 도시를 다닌 저자는 그 속에서 아픔을 치유하며 위로받고, 또한 그 안에 숨겨져 있던 용기와 열정을 회복한다. 책은 여행길에서, 여행하며 만난 소중한 인연에서 얻은 위로를 한 줌씩 건넨다. 그리고 자신만의 방식으로 아픔을 흘려보낼 수 있는 충분한 시간을 가진 후에야 비로소 새로운 인생을 시작할 수 있다는 것을 말한다. 저자의 여정이 당신의 삶에 한 줄기 위로가 되길 바란다.